경북의 종가문화 27

무로 빚고 문으로 다듬은 충효와 예학의 명가,
김천 정양공 이숙기 종가

경북의 종가문화 27

무로 빚고 문으로 다듬은 충효와 예학의 명가,
김천 정양공 이숙기 종가

기획 | 경상북도 · 경북대학교 영남문화연구원
지은이 | 김학수
펴낸이 | 오정혜
펴낸곳 | 예문서원

편집 | 유미희
디자인 | 김세연
인쇄 및 제본 | 주) 상지사 P&B

초판 1쇄 | 2015년 2월 2일

주소 | 서울시 성북구 안암로 9길 13(안암동 4가) 4층
출판등록 | 1993년 1월 7일(제307-2010-51호)
전화 | 925-5914 / 팩스 | 929-2285
홈페이지 | http://www.yemoon.com
이메일 | yemoonsw@empas.com

ISBN 978-89-7646-325-8 04980
ISBN 978-89-7646-324-1 (전4권)
ⓒ 경상도 2015 Printed in Seoul, Korea

값 18,000원

경북의 종가문화 27

무로 빚고 문으로 다듬은 충효와 예학의 명가, 김천 정양공 이숙기 종가

김학수 지음

예문서원

　　말과 행동에 진정성이 있을 때 우리는 그 사람을 신뢰하고 존중한다. 그 진정성은 개인의 순수함을 넘어 시대정신과 맞닿아 있을 때 더 큰 감동이 되고, 때로 그것은 길이 귀감이 되는 역사의 자취로 남는다.

　　정양공靖襄公 이숙기李淑琦(1429~1489)가 문과를 포기한 것은 진정성에 바탕을 둔 결단이었고, 그 진정성은 개국 초기 왕조의 울타리를 굳건하게 지켜야 한다는 시대정신의 충실한 구현이었다. 혹 문약文弱에 빠진 부유腐儒 가운데 정양공을 무신이라 비하하는 자가 있다면 세상으로부터의 냉소를 면치 못할 것이다.

　　정양공은 가슴에 만 권의 서적을 품은 흉포만권胸抱萬卷의 지식인으로서, 백가百家에 적용할 학문學問을 가진 사람이었고, 천리千里를 절충折衝할 무략武略을 지닌 대장부였다. 그가 무를 선택했을 때 일가一家의 정신적 지향은 확립되었고, 공신에 올라 복록이 하늘을 찌르는 그 순간 청렴으로써 자신을 단속하였을 때 세상은 또 한번 그를 눈여겨봤다.

결국 정양공이 추구했던 것은 개인의 영달이 아니라 나라의 안정과 백성들의 편안한 삶이었다. 우리는 그것을 국리민복이라 부른다. 역사적 인물에 대한 평가에서 이보다 더 공정하고 명확한 잣대가 또 있을까.

지례 상원마을은 정양공 집안의 백세터전이다. 연화부수형蓮花浮水形의 길지로 일컬어지지만 정작 마을과 집안을 지켜 온 것은 풍수가 아니다. 그것은 진정성을 지닌 선조의 삶을 계승·발전시키고자 했던 자손들의 노력에서 기인했다. 이 점에서 상원마을의 수호신은 정양공이었다.

'충신은 효자의 집안에서 나온다'는 말이 있다. 부모와 형제에게 충실하지 않는 자가 나라에 충성할 리 없다. 참으로 격언이다. 나라를 구하고 백성을 윤택하게 하는 큰 '충忠'은 아무나 할 수 있는 일이 아니고, 또 아무에게나 그런 기회가 주어지는 것도 아니다. 보통의 사람들은 자신의 삶에 최선을 다하며 주변 사람들을 살갑게 챙기는 것이 곧 충을 행하는 길이다.

정양공종가 사람들은 충의 전제인 효우孝友의 덕목에 더없이 충실하였으니 잠재적 충신에 손색이 없었고, 배움과 그것의 실천에 항상 목말라했으니 참된 지식인이 분명했다. 이들의 공부에 문자의 유희가 끼어들 여지는 없었다. 오직 이들은 백성의 삶의 질을 높이고, 이 땅의 예의와 문화적 품격을 고양시키는 공부에 골몰했을 뿐이었다. 효우를 강조하는 정신으로 남을 배려하는 공부를 하는 사람들이 모여 사는 곳이 바로 상원마을이었다. 여기서 그들이 진정으로 추구했던 것은 사람을 존중하는 공부와 삶 그리고 문화였다.

종가의 사랑방이나 경호서사鏡湖書社에서 『소학小學』을 배우고 집으로 가던 소년은 길에서 어른을 만나면 바로 예를 갖춘다. 배움과 실천이 같은 공간에서 동시에 일어난다. 방초정芳草亭에서 경학經學과 예학禮學을 담론하던 선비가 주변의 탁 트인 경관을 바라보며 경세제민經世濟民의 포부를 키울 때, 정자 아래 최씨담崔氏潭과 충노忠奴의 비석에서는 여성에 대한 존중과 약자에 대한 배려의 마음이 무르익어 갔다. 무엇보다 이들은 국가와 사회가 위난에 처하면 언제라도 달려가 목숨을 내놓을 준비가 되어 있었기에 한없이 미더운 존재들이었다.

이처럼 상원마을에는 배움과 그것의 예로운 실천이 있었고, 세상에 기여하는 학문에 대한 열정이 있었으며, 여성을 존중하고 약자를 배려하는 여유와 배려가 있었다. 여기에 나라가 위난에 처했을 때 보여 주었던 서릿발 같은 의기와 견위수명見危授命의 자세는 선비마을의 존재 이유를 역설하는 함성과도 같았다. 상원마을이 품고 또 추구했던 이런 면모와 가치들이야말로 인문학人文學이 아니고 무엇이겠는가. 이 점에서 필자는 상원마을을 조선을 넘어 한국의 인문학 마을로 이름하고자 한다. 그리고 마을과 집안의 삶과 문화를 조율하는 지남指南 같은 역할을 하는 곳이 바로 정양공종가였던 것이다.

글을 되도록 쉽고, 재미있고, 유익하게 쓰려고 했지만 뜻대로 되지 않았다. 무엇보다 사실에 오류가 있거나 내용을 곡해하여 혹여 이 책이 정양공 집안에 누가 되지는 않을까 두려운 마음이 크다.

마지막으로 이 책을 집필할 수 있도록 배려해 주신 경상북도, 그리고 책을 쓰는 동안 많은 자료를 수집하여 제공해 준 경북대학교 영남문화연구원 종가연구팀에게 감사의 마음을 전한다.

2014년 9월
김학수

차례

제1장 입지 조건과 형성 과정

1. 연화부수형의 길지: 상원마을

　지령地靈은 인걸人傑을 낳고, 그 인걸은 자신을 낳고 길러 준 국가와 사회를 위해 이바지함으로써 다시금 그 산천의 격조를 높여 준다. 이것이 한국 사람들이 자연을 경외하고 사랑할 수밖에 없는 이유이다.

　위인을 양성하여 명촌名村이 된 마을은 천혜의 자연환경을 갖춘 경우가 대부분이고, 거기에는 으레 풍수에 얽힌 일화가 따라붙곤 한다. 상원上院마을도 예외가 아니다. 상원마을은 감천鑑川과 황계천이 합류하는 곳 안쪽에 자리하고 있다. 멀리서 마을을 바라보노라면 흡사 연꽃이 물 위에 떠 있는 형국을 이루고 있음을 알 수 있는데, 고결한 인재가 많이 나기로 정평이 있어 사대부의 가거지可居地 중에서도 으뜸으로 친다는 연화부수형蓮花浮水形이다. 지금은 흔적만 남아 있지만 마을의 중앙에 있었던 안샘(內泉)이 연꽃의 중앙부에 해당한다고 한다.

세상에 이런 형국을 지닌 마을이 어디 한두 군데일까마는 그 산천에 부끄럽지 않은 역사와 문화를 창출한 마을은 또 그다지 많지 않다. 중국의 학자 주돈이周敦頤는 자신의 수필「애련설愛蓮說」에서 모란(牧丹)과 국화菊花가 부귀와 은일隱逸을 상징하는 꽃이라면 연은 '꽃의 군자君子'라 평하며 그 맑고 굳센 기품을 칭송해 마지않았다. 연화부수형이라는 지령에 걸맞게 연꽃과 같은 군자의 기품과 절조를 지켜 온 마을이라면 이곳 상원과 안동의 하회河回 정도를 꼽을 수 있을 뿐이다.

아정하면서도 곧은 군자의 격조를 지닌 상원마을은 행정구역상 경상북도 김천시 구성면에 속해 있다. 구성면의 면소재지인 상좌원리上佐院里에서 국도를 따라 남쪽으로 1킬로미터쯤 가다 보면 서쪽으로 오목하게 들어간 곳에 마을이 위치하고 있다.

본디 이곳은 삼한시대에 감문국이 존재했던 유서 깊은 공간으로서, 신라 진흥왕 이래로 지품천현知品川縣·지례현知禮縣 등 다양한 명칭으로 불려 오다가 1914년 김천군에 편입되었고, 1933년 구성면에 속해 오늘에 이르고 있다.

상원마을은 1914년 행정구역이 개편되기 전까지는 지례현 하북현에 속한 원터(院基)였다. 사람과 물산의 왕래를 위해 설치하는 역驛과 원院은 교통의 요지에 설치하기 마련이며, 사람과 물산이 오가는 곳이라면 지식과 정보 또한 풍부하게 유통되었을 것이다.

그랬다. 상원마을은 '예를 아는' 지례知禮 고을에서 군자의 자질과 기품을 함양하면서도 경향을 아우르는 지식과 정보를 손쉽게 얻을 수 있는 그런 곳에 위치하고 있었던 것이다. 상원마을 사람들이 외인의 손길을 타지 않으면서도 세상을 향해 개방과 포용의 자세를 취하며 시대에 뒤떨어지지 않는 능동적인 삶의 자세를 취할 수 있었던 이유도 여기에 있었다. 결국 상원마을은 천혜의 자연환경과 인간이 조성한 인문적 인프라가 충족된 곳이었기에 연안이씨 정양공 일문의 백세터전을 넘어 조선을 대표하는 인문학 마을로 손색이 없었던 것이다.

2. 입향: 한씨 터전에서 '영남시대'를 열다

1) 정양공 가문의 연혁: '연안세가延安世家'

연안이씨는 신라의 삼국통일에 이바지하여 연안백延安伯에 봉해진 이무李茂를 시조로 한다. 족보에 따르면, 이무는 본디 중국 사람이었으나 당나라 장수 소정방을 따라 참전하여 공을 세운 뒤 연안을 식읍食邑으로 받고 정착했다고 한다. 이무 이래 1500년에 가까운 세월을 거치는 동안 연안이씨는 시대의 발전과 변화에 잘 적응하며 집안을 번성시켜 왔고, 고려시대를 거쳐 조선에 이르러서도 유수의 명가로서 발전과 번영을 구가했다.

조선시대에는 이무를 시조로 하면서도 중시조를 달리하는

여러 계통의 연안이씨가 존재하였다. 예컨대, 이현려李賢呂를 중시조로 하는 계열에서는 이석형·이정구·이귀 등이 배출되었다. 이들은 서울의 성균관 주변에 살았던 탓에 흔히 '관동이씨館洞李氏'라 불리며, 조선 후기 서인 기호학파의 핵심 가문을 이루었다. 태자첨사를 지낸 이습홍李襲洪 계열에서는 이주李澍·이광정李光庭·이창정李昌庭·이관징李觀徵·이만부李萬敷 등이 배출되었다. 이 계통은 주로 근기지역 남인 퇴계학파의 보루를 이루면서 집안을 번성시켜 왔다.

정양공 집안은 통례문부사를 지낸 이지李漬를 중시조로 하는 가문으로서 고려 후기 이래 명관·석사를 꾸준히 배출하여 국중의 명벌로 도약해 왔다. 고려 중후기의 인물로 파악되는 중시조 이지가 운재芸齋라는 아호를 사용한 것은 정양공 선대의 지식 문화적 전통과 관련하여 많은 것을 시사하고 있다. 이런 가풍 위에서 이지의 아들 이계손은 고관인 공조전서를 지냈을 뿐만 아니라 연성부원군延城府院君에 봉군됨으로써 그 몸이 매우 존귀해졌다. 무엇보다 그는 고려 후기 학계·관계는 물론 문단의 상징적 존재였던 익재 이제현의 사위였다는 점에서 그 복록과 명예의 융성함을 족히 짐작할 수 있다. 이처럼 연안이씨는 중시조 이래로 관계와 학계에서 뚜렷한 자취를 남기며 문벌가문으로 도약하고 있었고, 이런 전통은 그 자손들에 의해 면면히 이어졌다.

이계손의 차자로 정양공에게는 증조가 되는 이량李亮 역시

고위직인 판전의감判典醫監을 지냈다. 특히 그는 태조~세종을 잘 보필함으로써 국가경영의 기틀을 마련하는 데 이바지하여 치사 때에는 궤장几杖을 하사받고 사후에는 청백리淸白吏에 선발된 최사의崔士儀의 사위이기도 했다.

이량은 관료이기 이전에 학술과 문예를 익힌 지식인이었다. 그런 면모는 다섯 아들에게 이름을 부여하는 과정에서도 드러났다. 큰아들 백공伯恭에게는 공손함을, 2자 백겸伯謙에게는 겸손함을, 3자 백인伯仁에게는 어짊을, 4자 백문伯文에게는 문학을, 5자 백충伯忠에게는 충신忠信을 당부하는 마음을 이름자에 담아 두었다. 어느 것 하나 유교적인 가치가 아닌 것이 없고, 자신보다는 남을 위하는 데 초점이 있었다. 이런 아버지가 있었기에 아들들은 저마다 건실하게 자라 국리민복國利民福에 이바지하는 사람이 될 수 있었다.

이 가운데 이백겸이 정양공의 조부 장령공이다. 이백겸은 벼슬이 장령에 그쳤지만 신왕조에 벼슬한 최초의 인물이라는 점에서 연안이씨의 역사에 있어 매우 중요한 의미를 지닌다. 겸손하게 살기를 바랐던 아버지의 기대처럼 그는 매사에 신중했고, 공무 처리 또한 공명정대했다고 한다. 이량이 유교적 덕목에 바탕하여 자녀들의 앞길을 이끌었다면 이백겸은 자신의 아들들이 동포의식에 입각한 민본民本의 실천자가 되어 주기를 바랐다고 할 수 있다.

장자와 차자의 이름인 '보민補民'과 '보정補丁'은 백성을 위해 살라는 민본의식의 구체적 표명에 다름 아니었기 때문이다. 그런 여망 때문이었을까. 특히 차자 이보정은 문과를 거쳐 벼슬이 예조참판에 이르렀고, 젊은 시절에는 집현전 학사로 선발되어 세종시대의 찬란한 문화를 이끄는 주역으로 활약했다.

　　이백겸의 막내아들이자 정양공의 아버지인 이말정은 새 왕조가 개창된 지 3년째 되던 1395년에 출생했으므로 완벽한 조선 사람이었고, 부조의 은덕에 힘입어 서울이라는 선진화된 곳에서 양질의 교육을 받으며 사대부로서의 꿈과 포부를 키워 나갔다. 이 과정에서 그는 관복을 입고 출퇴근하는 부형을 보며 자연스럽게 관료의 꿈을 키웠을 것이고, 국사 때문에 고뇌하는 부형을 보며 관료의 길이 녹록지 않음도 깨달았을 것이다. 당시만 해도 벼슬은 연안이씨 집안의 세업世業이었고, 그 역시 집안의 전통에 따라 1426년 진사시를 거쳐 문음으로 출사하여 판관·도사를 거쳐 예빈시소윤 등의 내외 관직을 지냈다. 비록 높은 벼슬은 아니었지만 사대부가의 체모를 유지함에 있어 조금도 부족함이 없는 환력이었다.

2) 김천 입향의 유래: '경화명족京華名族'에서 '영남명가 嶺南名家'로의 도약

이말정李末丁(1395~1461)은 서울에서 나고 자란 전형적인 '서울 사람'이었고, 벼슬이 곧 직업이었으니 국가와 사회의 지도자로서 평생을 보낸 셈이었다. 하지만 그가 52세 되던 1446년 무렵 서울의 화려함을 뒤로 하고 경상도 지례 땅으로 삶의 터전을 옮김으로써 연안이씨의 영남 시대가 개막되었다.

한성부 명례방明禮坊, 즉 지금의 서울특별시 중구 필동筆洞에 살던 이말정이 지례로 온 까닭은 무엇일까? 그 해답은 혼인관계에서 구하는 것이 옳을 것 같다. 여느 사대부가의 자제들과 마찬가지로 이말정 역시 20세 이전에 혼처를 정했을 것이다. 이때 부형들이 집안의 격과 규수의 자질을 고르고 골라 장가들인 곳이 곡산한씨谷山韓氏 가문이었다.

곡산한씨는 비록 대성은 아니었지만 연원이 깊고 사환과 문한의 전통이 탄탄했던 당당한 사대부 집안이었다. 무엇보다 그의 장인 한옹韓雍(1352~1425)은 평절平節이란 시호가 대변하듯 고려 공민왕부터 조선의 세종까지 두 왕조에 걸쳐 여러 군왕을 바른길로 보좌한 어진 신하(良臣)이자 위인爲人의 정치가로 명성이 높은 사람이었다.

학식 또한 뛰어났던 한옹은 사위 이말정을 자식처럼 아끼며 학업을 면려했다. 이들 장인과 사위가 공유했던 역사적 시간은 10여 년에 지나지 않았지만 그 정리는 부자와 같았다고 한다. 이 말정이 1426년 진사시에 입격할 수 있었던 것도 한옹의 정성 어린 지도에 바탕하였음은 의심의 여지가 없다.

한옹은 벼슬하는 여가에 가끔씩 전원생활田園生活을 통해 휴양의 시간을 가졌는데, 그가 즐겨 찾던 곳이 바로 지례知禮였다. 이는 지례 일대에 그의 전장이 마련되어 있었음을 의미했다. 1446년 이말정이 아내 곡산한씨의 묘소를 상원마을 뒷골에 조성할 수 있었던 것도 이 때문이었다. 이말정은 자녀균분상속의 관행에 따라 처가로부터 '지례전장知禮田庄'을 물려받았고, 아내의 죽음을 계기로 서울살이를 철거하고 지례로 들어온 것이었다.

일종의 텃세였을까? 그가 지례 땅에 제대로 정착하기까지는 약간의 곡절이 따랐다. 처음에 그가 낙향한 곳은 지금의 구성면 지품리知品里였다. 아내를 먼저 보내는 시련을 딛고 새로이 아담한 가옥을 짓고, 문전옥답門前沃畓도 늘려 가던 중 수재를 당하고 만다. 대홍수로 감천이 범람하여 가옥은 무너지고 전답 또한 흔적 없이 쓸려 감으로써 아내가 잠든 곳에서 새로운 삶을 시작하고자 했던 노년의 꿈이 하루아침에 물거품이 되고 만 것이다.

크게 상심한 이말정은 잠시 지례 땅을 떠날 결심을 했고, 새로운 거처로 물색된 곳이 거창 모곡茅谷이었다. 지금의 거창군 월천면 서변리에 해당하는 모곡은 산수가 유려하면서도 조용하여 심신을 수양하며 학업을 닦기에 더할 수 없이 좋은 곳이었다.

이말정은 온 식구를 거느리고 모곡으로 이사하였는데, 그에게는 숙황·숙형·숙규·숙기(1429~1489)·숙함 등 모두 다섯 아들이 있었다. 4자였던 정양공의 나이가 20세에 가까웠으니 형들은 대부분 혼인하였음이 틀림없다. 그렇다면 이말정은 몇몇 며느리와 손자들까지 포함된 대가족의 가장이었지만 가정을 단란하게 이끌었던 것 같다.

이말정은 선비의 운치와 격조를 아는 사람이었다. 집 앞에 정원을 조성하여 매화를 심었을 때 그는 이미 범연한 선비가 아니었고, 반석에 앉아 다섯 아들과 함께 바른 학문과 참된 도덕을 토론하는 모습에서는 진정한 교육자의 기품이 느껴졌다. 이때 그가 아들에게 가르친 것은 나라와 백성을 위한 진실된 자세와 지혜였을 뿐 문文과 무武를 구별하지도 않았다.

전화위복이었다. 침수에 따른 거창 이거가 없었더라면 '오자암五子巖 미담美談'은 이루어질 수 없었을 것이다. 매화 향기 가득한 정원에서 다섯 아들은 아버지의 자상한 가르침 속에 청운의 뜻을 품고 저마다 다음 시대의 국리민복을 이끌 준재로 성장했기 때문이다. 이 점에서 모곡의 오자암은 연안이씨의 가풍과 저력이 응집된 상징물임에 분명하고, 요사이 자손들이 '오자암복원계획'을 추진하고 있다고 하니 도도한 역사의 물줄기란 정녕 이런 것인가 보다.

이말정의 모곡 생활은 그리 오래가지 않았다. 모곡에서 아들들과 오붓한 시간을 보내는 동안 지례 전장도 차츰 정비되어 갔다. 이에 말년에 지품으로 돌아온 그는 1461년 향년 67세로 생을 마감하게 된다. 당시로서는 천수를 누린 나이였고, 아들 또한 건실하게 성장하였기에 그의 만년은 참으로 복된 나날이었다.

이말정은 일생 7번의 과경科慶을 누린 복노인이었다. 1441년에는 장자 숙황淑璜이 사마시에 입격한 것을 시작으로, 1453년에는 겹경사가 있었다. 이해에 4자 숙기淑琦와 5자 숙함淑瑊이 각기 진사·생원시에 입격했고, 숙기는 무과에 응시하여 장원했기 때문이다. 이후에도 과경은 그칠 새가 없이 1454년에는 5자 숙함이 문과에, 1456년에는 숙기가 무과 중시에, 1457년에는 5자 숙함이 문과 중시에 합격했다. 1453년 이숙기의 진사시 입격에서부터 1457년 숙함의 문과 중시 합격까지는 영남으로 낙향한 이후의 경사였으니 오자암 미담이 허언이 아님을 알겠다. 자녀들의 과거 합격 소식은 음택陰宅으로까지 전해져 그의 영혼마저 기쁘게 하였는데, 1466년 숙함의 발영시拔英試 합격과 1468년 장자 숙황의 춘장시春場試 합격이 바로 그것이다.

그런데 이말정 자녀의 과경과 관련하여 집안에서는 이런 일화가 전해 온다. 1446년 상원마을 후곡後谷에 조성된 이말정의 배위 곡산한씨의 묏자리는 어느 스님이 잡아 준 것이라 한다. 그 스님은 묘를 쓸 때 땅속에서 석함이 나오더라도 절대 열어 보지 말라고 거듭 당부했다. 하지만 그 말을 흘려들은 인부가 석함을 열었더니 벌 두 마리가 나왔다. 이에 스님은 발복이 3년 미뤄지겠지만 후손 중에서 큰 인물이 나올 것이라고 했다.

이 일화에 따르면, 이말정 아들들의 과거 합격과 현달이 어머니의 묏자리, 즉 명당발복의 결과로 해석될 여지가 있다. 곡산한씨의 묘소가 명당임은 안목이 있는 자라면 누구나 다 아는 사실이지만 후손의 번영이 어찌 묘소에서만 기인하겠는가. 모르긴 해도 좋은 집안에서 현숙한 여인으로 자란 곡산한씨는 자녀 교육에 각별한 애정을 쏟았을 것이고, 자식들은 그런 어머니에 대한 향념 또한 남달랐을 것이다. 여기에 자상하면서도 엄격했던 아버지의 교육이 더해지면서 이말정과 곡산한씨의 아들들은 '집안을 빛내는 자식'을 넘어 '국가와 사회를 위해 이바지하는 어진 인재'로 발돋움했던 것이다. 이 점에서 곡산한씨 묘소 일화는 명당발복의 연안이씨적 각색 정도로 받아들일 수 있을 것 같다.

한편 1461년에 사망한 이말정의 묘소는 부인 곡산한씨 무덤 아래에 위치하였고, 그 위로 자손들의 묘소가 연차적으로 조성되었다. 세상 사람들은 이런 형국을 역장이라 한다. 과연 그런지는 풍수학적으로 좀 더 따져볼 일이지만 여기에도 흥미로운 일화 하나가 전해 온다.

임진왜란 때의 일이다. 명나라에서는 조선에 원군을 파견하면서 이참에 조선의 원기를 손상시킬 요량으로 사대부의 관을 가지고 압록강을 건널 다리를 만들 것을 요구했다. 이를 거절할 수 없었던 조정에서는 전국의 묘소를 파헤쳐 관을 공출해 갔는데, 이말정의 묘는 구도상으로 맨 아래에 있었던 탓에 수난을 모면했다고 한다.

곡산한씨와 이말정의 묘소에 어린 전설은 그것의 사실성 여부를 떠나 매우 중요한 메시지를 담고 있다. 그 메시지의 요점은 이들 부부가 하나의 초월적인 존재로서 지례 땅에 뿌리를 내려 살고 있는 수많은 자손의 수호신과 같은 역할을 한다는 강한 믿음일 것이다.

3) 연안이씨의 세거지: 상원마을과 그 주변

김천 연안이씨의 주요 세거지는 상원리上院里와 상좌원리上佐院里이다. 황계천을 사이에 두고 서로 마주하고 있는 두 마을은 삶의 터전을 넘어 정신적 고향과 같은 곳이었다.

상원리는 이말정→이숙기→이세칙으로 이어지는 연안이씨 정양공파의 백세터전이고, 상좌원리는 이보정李補丁→이숭원李崇元→이구령李九齡으로 이어지는 충간공파忠簡公派의 종족마을이다. 특히 상원리는 천전・금계・하회・양동・닭실・외내・석전 등과 함께 영남의 대표적 반촌으로 인식되어 갔다. 상원리의 연안이씨를 '상원이씨上院李氏'라 예칭하는 이유도 여기에 있다.

상원리가 정양공 집안의 세거지가 된 것은 이숙기의 아들 이세칙李世則 때였다. 당초 이말정이 지례에 낙향한 곳은 지품이었고, 그가 거창 우거를 마치고 돌아와 사망한 곳도 그곳이었다. 이처럼 상원리는 이말정의 주거와는 전혀 상관이 없었다.

그러나 여기서 한 가지 주목할 것은 이들 부부의 음택의 존재이다. 짐작건대 이말정은 처가로부터 지품은 물론 상원리 일대까지 상속을 받았을 가능성이 매우 크다. 부인 곡산한씨의 묘소가 이런 사실을 방증하고 있다. 이후 이말정은 처재妻財를 통해 확보한 지례 일대의 전장을 자녀들에게 분급하였는데, 이 가운데 상원리의 토지가 4자 숙기에게 전계된 것으로 파악된다.

그런데 공교롭게도 이말정의 아들 가운데 묘소가 지례에 소재한 사람은 장자 숙황뿐이며, 4자 숙기는 용인, 5자 숙함은 파주에 산소가 있다. 즉, 이숙기는 아버지로부터 상원 일대를 분재받았으나 사환 과정에 서울에서 생활하다 용인에 묻힌 것으로 짐작된다. 묘소의 소재지는 용인시 처인구 남사면 아곡리이며, 현재 용인시 향토유적 제56호로 지정되어 있다.

이말정이 아들들에게 지례 일대의 전장을 어떤 방식으로 분급했는지는 자세하지 않지만 장자 숙황에게는 부항 사월沙月 일대를, 4자 숙기에게는 상원 일대를 분급한 것으로 추정된다. 이후 숙황 계통은 사월을 중심으로 군위·거창 등지로 세거 기반을 확대해 나갔고, 정양공 계통은 상원을 중심으로 종문宗門을 유지하여 오늘에 이르고 있다.

상원리가 사대부의 가거지로 본격적인 경영에 들어간 것은 정양공의 차자 이세칙 대였다. 이세칙은 평생을 관료로 활동했던 아버지의 영향 속에 상당한 기간을 서울에서 생활했을 것으로 생각된다. 그러나 그는 부명에 의해 할머니의 친정 고을인 지례 상원 땅에 정착하여 정양공 집안의 가법을 실현해 나가면서 명가의 초석을 다지게 된다.

한편 인근의 상좌원은 이말정의 작은형 이보정→이숭원→이구령 계통의 후손들이 세거하고 있는데, 입향조는 이숭원의 차자인 이구령이다. 이구령의 현손 이장원이 학문과 효행으로 명성이 높았는데, 그 후손들은 상좌원을 중심으로 수도곡修道谷·지품知品 등 김천 일대를 비롯하여 거창·함양·성주·대구·옥천·임실 등지로 확산되어 갔다.

3. 유교문화경관: 조선의 인문학 마을 '상원'

아득한 옛날부터 지례 상원에는 사람이 살아오면서 그들 나름의 역사와 문화를 만들어 왔겠지만, 이 마을이 조선의 양반사회에서 주목을 받기 시작한 것은 이세칙이 터를 잡아 살면서부터였다. 이후 상원마을에는 불천위인 정양공을 받드는 종손의 주거 공간으로서의 종택이 건립되었고, 선대를 추모하는 공간으로서의 다양한 재실이 건립되었다. 여기에 일문의 휴식 및 강학의 공간으로서의 누정 및 서재와 특별한 사람들을 기리기 위한 상징물들까지 갖추어지면서 상원마을은 주거 · 기림 · 휴양 · 강학의 기능을 포괄하는 조선의 인문학 마을로 변모하게 된다. 이러한 변모는 변질이 아닌 시대정신에 부응하는 도약의 새로운 모습이

었다. 주거 공간인 종가에 대해서는 후술할 예정이므로, 여기서
는 추모·휴양·교육 및 특별한 사람들의 고결한 흔적을 중심으
로 살펴보기로 한다.

1) 보본과 추원의 공간: 영모재·세일재·명성재

정양공 집안을 대표하는 추모 공간은 영모재永慕齋·세일재
歲一齋·명성재明誠齋이다. 영모재는 지례 입향조 연성부원군 이
말정의 재실이므로 정양공 집안에만 한정되는 것은 아니다. 다
만 연성부원군의 묘소가 상원리에 소재한 까닭에 이곳에 터를 잡
고 살아온 4자 정양공의 자손들이 묘소 관리 및 재실의 운영을
주관해 온 것 같다. '영모'는 세상이 다하는 그날까지 길이 추모
한다는 뜻이다. 상원마을과 같은 전형적인 연화부수형의 지형을
지닌 안동 하회마을 서애 류성룡 종가의 유물관 명칭 또한 영모
각이다.

세일재는 정양공의 5세 종손 방초정芳草亭 이정복李廷馥의 재
사로, 김천시 구성면 용호리에 소재하고 있다. 명성재는 본디 이
정복의 5세손 경호鏡湖 이의조李宜朝가 학문을 토론하며 후진을
양성하던 교육시설이었으나 그의 사후에 재실로 기능이 바뀌었
다. 또 여기에 이의조의 영정을 봉안했으므로 경호영당鏡湖影堂으
로 불리기도 했다. '명성明誠'은 이의조의 스승 운평雲坪 송능상宋

能相이 제자를 아끼는 마음에서 내린 재호인데, 글씨 또한 송능상의 친필이라 한다.

　이말정은 지례 고을 연안이씨의 입향조이고, 이정복은 문한의 전통을 수립하며 정양공 집안의 가격을 상승시킨 중흥조이며, 이의조는 비록 종손은 아니지만 정양공 집안이 배출한 최고의 학자였다. 이런 위상과 역할이 있었기에 이들 3인은 집안 내에서도 특별한 대우를 받았다.

2) 학문의 공간: 경호서사 및 사곡정사

　경호서사鏡湖書社와 사곡정사社谷精舍는 이의조가 학문 및 저술에 힘쓰는 한편 마을의 인재들을 모아 교육하기 위해 지은 전형적인 학술·교육 공간이다. 경호서사를 지은 것은 1771년이며, 매월 초하루와 보름에 학도들을 모아 강회를 열고 학업을 점검했다. 비록 마을의 작은 교육시설이었지만 교육 과정이 엄정하고 가르침의 질 또한 매우 높아서 후일 상원마을의 문운文運을 연 준재들이 바로 여기서 배출되었다. 마을의 선비들은 스승 이의조에게서 풍기는 거울과 호수처럼 맑은 학인의 향기를 맡으며 청운의 꿈을 키워 갔을 것이다.

　사곡정사는 1795년 경호 북쪽 사곡에 건립한 정사이다. 주변의 경취가 빼어나고 정취 또한 아늑하여 이의조는 이곳에서 만

년을 보냈다. 방 안에는 도서가 가득했고, 그 속에서 펼쳐진 사제 간의 학문적 대화는 어디에도 비길 데 없는 큰 기쁨이었다. 이의조는 배움에 목말라하며 밤을 지새면서까지 학문에 열중하는 정양공 집안 자제들의 모습 속에서 상원마을의 밝은 미래를 보았을 것이다.

3) 휴식과 교유 그리고 화합의 공간: 방초정

상원마을 어귀에는 방초정芳草亭이라는 매우 아름답고 훤칠한 정자가 있다. 이곳을 지나는 경향의 손님 누구라도 편한 마음으로 쉬어 가도 좋을 만큼 규모가 넉넉하고 인상 또한 자못 인정스럽다. 정자의 주인은 정양공의 5세손 이정복이다. 이정복이 방초정을 건립한 것은 1625년이었고, 위치도 국도 쪽에 가까웠다고 한다. 정자 이름인 '방초'는 꽃다운 풀로 군자의 아름다운 덕을 상징하지만 꽃다운 나이에 목숨을 버린 아내 화순최씨에 대한 아련한 마음이 투영되어 있다고 하면 망발일까.

이정복은 어떤 생각에서 이 정자를 지었을까? 모름지기 그는 대대로 나라의 녹을 먹는 조선의 세신世臣, 학문과 문장을 숭상하며 은덕불사의 염결한 성정을 지닌 선비가 사는 상원마을의 상징물로서 이 정자를 조성했을 것이다. 이정복에게 있어 방초정은 자연과 더불어 휴식하며 심신을 닦는 수양처, 경향의 문

상원마을의 상징적 문화공간인 이정복의 방초정

인·묵객들과 교유하며 학문과 저술에 힘쓰는 지식문화공간, 종
족 간의 친목과 화합을 도모하는 목족睦族의 마당이었던 것이다.
그 마음 한 켠에 먼저 간 아내에 대한 그리움과 미안함을 담았으
니 그는 참으로 반듯한 사대부 지식인이자 다정한 남자였음이 분
명하다.

　　방초정은 세월과 더불어 연륜을 더하며 지례를 대표하는 문
화공간으로서의 격조를 더해 갔지만, 때로는 인위적인 보호의 손
길을 받아야 할 때도 많았다. 창건한 지 60여 년이 지난 1689년에

1788년 방초정의 중수 전말을 적은 이의조의 「방초정중수기」

는 손자 이해가 중건하여 옛 모습을 새롭게 했고, 1727년에 다시
한 번 중수하여 지난날의 명성을 이어 나갔다. 그러나 감천을 휩
쓴 1736년의 대홍수로 인해 방초정은 반백년 세월을 묵은 자취
로 남아 있다가, 1788년 5세손 이의조에 의해 현재의 위치에 중
창되었다. 방초정의 중건은 단순히 정자를 복원하는 것이 아니
었다. 그것은 학술·문화·지식기반의 회복을 통한 정양공 집안
의 사회·문화적 도약을 천명하는 커다란 함성이었다.

　　정면 3칸, 측면 2칸의 2층 누각 형태로 지어진 방초정은 그
풍채가 자못 당당하고 시원스럽다. 공간적 구도에서 볼 때, 방초
정은 상원마을의 중심에 위치하되 그 시선은 마을의 전방을 향하

고 있다. 주인의 품위를 지키되 객을 배려하는 마음의 표시이다. 마을 어디에서도 정자의 아름다움을 감상할 수 있고, 마실을 다니거나 외부로 출입할 때면 반드시 이곳을 지나야 한다. 들어오는 사람도 나가는 사람도 거쳐야 하는 곳, 그곳이 바로 마을의 중심이다. 종가가 집안의 정신적 구심점이라면, 방초정은 정양공 집안사람들이 일정한 질서 속에서 화합을 다지는 모듬살이의 거점이었던 셈이다. 때로는 고을의 중요 행사나 회의의 장소로도 활용되었다고 한다. 방초정을 상원의 문화시설을 넘어 지례의 인문학 공간으로 바라봐야 하는 이유도 여기에 있다.

지금 방초정은 '최씨담崔氏潭'이라 불리는 연못가에 위치하고 있다. 흡사 지아비와 지어미가 정다운 대화를 나누는 듯한 느낌마저 든다. 살아 누리지 못한 부부 사이의 인연이었기에 그 대화는 더욱 애틋해 보인다. 최씨담 주변의 백일홍이 유난히 붉은 것은 지어미의 수줍은 마음의 표시일 것이다.

또 방초정 곁에는 화순최씨의 정려가 자리하고 있다. '절부부호군이정복처증숙부인화순최씨지려節婦副護軍李廷馥妻贈淑夫人和順崔氏之閭'라 새겨진 정려는 '나는(화순최씨) 영원히 당신(이정복)의 아내입니다'라고 나직하면서도 꼿꼿하게 말하는 듯하다.

상원마을 지식문화의 중심으로서의 방초정의 기능은 어느 정도였을까? 경향의 어떤 유명 인사가 다녀갔고, 또 어떤 흔적을 남겼는지 자못 궁금해진다. 정자의 위상은 주인과 그 후손들의

이채 시액. 1793년 이채가 방초정의 아름다운 경물을 노래한 시. 이채는 낙론학파의 종사 도암 이재의 손자이다.

인간적 품위, 사회적 지위를 반영한다. 이정복은 일생 임하林下에서 도학道學의 강마에 전념하며 조정에서 내린 어떤 관직도 마다했던 개결한 성품의 소유자였다. 공신의 적장손으로 태어났지만 위세를 드러내는 일이 없이 항상 겸양의 도로써 자신을 유지해 나갔고, 사우들이나 인척에게는 더없이 관대한 사람이었다. 주인의 이런 면모는 강한 흡입력이 되어 방초정은 창건 이래로 명사들의 발길이 그칠 새가 없었다. 집안 할아버지로서 대제학을 지낸 선조~인조시대의 대문장가 이호민을 비롯하여 이채李采 · 송환기宋煥箕 · 송달수宋達洙 · 송병순宋秉珣 · 김양순金陽淳 등 방초정에 시를 남긴 명사는 경향을 망라하고 있었다. 현재 방초정에는 이채와 이의조의 중수기를 비롯하여 이수천 · 수정 · 수원 ·

수호 등 자손들의 시액, 이채 · 송환기 · 송달수 · 송병섭 · 송병
선 · 송수복 · 김양순 · 홍긍모 · 이철우 · 고가인 · 정기화 등의
시액이 걸려 화려한 역사를 웅변하고 있다.

특히 이채(1745~1820)는 노론 낙론학파의 종사 도암陶菴 이재
李縡의 손자로 학문이 뛰어난 석학이고, 송환기(1728~1807)는 송시
열宋時烈의 5세손으로 정조 연간 기호학파의 영수였으며, 김양순
(1776~1840)은 순조~헌종조를 대표하는 노론계 관료였고, 송시열
의 9세손으로 19세기 후반 노론학계를 이끌었던 송병선(1836~
1905)은 1905년 을사보호조약 체결에 통분하여 음독 자결한 순국
지사로도 잘 알려진 명사이다.

18~19세기 서인 기호학파를 상징하는 명사들의 시액은 무
엇을 의미하는가? 그것은 방초정이 지례의 문화공간을 넘어 조
선의 문화공간으로 그 명성이 확대되었음을 반증하는 것이고, 그
중심에 이의조라는 학자가 존재하고 있었다. 인걸이 또 다른 인
걸을 불러들이고, 그 인걸들의 사귐의 담론이 하나의 문화가 되
어 그 땅의 사회문화적 가치를 더욱 높여 가는 것이야말로 요즘
우리들이 흔히 말하는 인문학정신이 아닐까 싶다.

4) 방초정을 통해 본 상원마을의 인문학적 가치

이정복은 자연과 인간이 하나가 되는 만남과 소통의 공간으

로서 방초정을 기획했던 것 같다. 방초정으로 몰입되는 주변의 빼어난 경관은 그저 완상용이 아닌 경외와 친밀의 대상이었고, 방초정에서 행해지고 또 보이는 인간의 삶과 행위 속에는 인정의 따사함과 전원의 소박함이 물씬 풍겼기 때문이다. 자연과 인간을 함께 품으려 했던 방초정의 진면목은 '방초정십경시芳草亭十景詩'에 알알이 맺혀 있다. 세상에 팔경시가 드물지 않고, 십경시 또한 흔한 것이 사실이지만, '방초정십경시'처럼 자연과 인간에 대한 정서를 진정성 있게 표현하기란 참으로 쉽지 않다. '방초정십경시'는 ① '일대감호一帶鑑湖', ② '십리장정十里長亭', ③ '금오조운金烏朝雲', ④ '수도모설修道暮雪', ⑤ '나담어화螺潭漁火', ⑥ '우평목적牛坪牧笛', ⑦ '굴대단풍窟臺丹楓', ⑧ '송잠취림松岑翠林', ⑨ '응봉낙조鷹峯落照', ⑩ '미산반륜眉山半輪'으로 구성되어 있으며, 형식은 7언절구이다.

　여기에는 물과 산, 해와 달, 풀과 나무, 눈과 구름, 아침과 저녁이 있고, 봄·여름·가을·겨울이 있다. 방초정이란 인간의 공간에서 접할 수 있는 자연을 시간과 접목시켜 담아내고 있다. 그래서 방초정에는 인간·시간·공간이 함께 존재한다. 무엇보다 선비 지식인의 눈으로 세상을 바라보면서도 민간의 삶에 소홀함이 없다. 이런 인간애를 보였기에 방초정은 인간의 사랑을 듬뿍 받을 수 있었다.

방초정에 걸려 있는 김재학 시액

謹次芳草亭韻
紅亭偏在綠楊新遇
軸何年詠碩人霏微
煙雨綠溪路停馬登
臨趁暮春
光山金在鶴稿

길가에 큰 정자 하나 외로이 서 있으니

말하지 않아도 절로 멀고 가까운 이정을 알리는구나.

여기서 나라님 계시는 곳은 몇 리나 되는가.

행인이 혹 갈 길을 멈추는구나.

街頭孤立一長亭　　不語能知遠近程

此去王城凡幾里　　行人到此或驂停

「십리장정十里長亭」

목동의 어지러운 피리 소리 쇠들에서 울려 퍼지니

짐짓 나그네로 하여금 낮잠을 깨우는구나.

소 등에 탄 댕기머리 총각은 뉘 집 자제던가

이따금 글 읽는 소리 피리 소리에 섞어 보내네.

亂來牧笛起牛坪　故使遊人午夢驚

背上誰家髫髮子　時時雜送讀書聲

「우평목적牛坪牧笛」

「십리장정十里長亭」이란 시에는 역원 마을의 정취와 어우러진 방초정의 존재감이 조심스럽게 표현되어 있다. 모름지기 서울로 가는 행인들은 방초정이 보이면 이곳이 지례 땅 어느 역마을 근처임을 알고 쉬어갈지 말지를 가늠했던 것 같다. 역원의 존재를 알리고 서울 걸음의 여정을 챙기게 하는 정자라면 그것은 어느 개인의 정자가 아니라 사회적 표식이라 해야 옳을 것 같다.

「우평목적牛坪牧笛」은 주경야독晝耕夜讀하는 선비들의 상황, 어려운 여건 속에서도 배움과 지식에 목말라했던 조선 사람들의 지식문화적 욕구를 목가적牧歌的 정서에 담아 표현한 명작이다. 사람에 대한 세밀한 관심과 살가운 애착이 온축되지 않고서는 나올 수 없는 작품이기 때문이다. 여기서 우리는 상원마을 사람들의 동포애와 다시 한 번 마주치게 된다.

십경시 중에는 방초정에 대한 자부심, 일종의 자랑의식이 투영된 작품도 있다. 5번째 작품인 「나담어화螺潭漁火」가 바로 그것이다.

올뱅이 도랑에 고기잡이 횃불 밤새도록 밝으니

기러기가 달인가 의심하고 모래밭에 내려앉는구나.

돌아갈 때 사람들이 강남 경치 묻거든

방초 높은 정자 가장 유명하다고 하여라.

漁火螺潭竟夜明　　雁鴻疑月落沙平

歸時人問江南景　　芳草高亭最有名

이처럼 상원마을 사람들 마음속에는 방초정이 '강남제일정 江南第一亭'이라는 은근한 자부심이 있었던 것이 틀림없다. 하지만 그들은 겸양과 법도를 알았기에 서민적 삶 속에 자신들의 자랑을 담았고, 또 그러했기에 누구도 그 자랑에 시샘을 달지 않았다.

그렇다. 방초정은 '강남제일정'이라 해도 조금도 부끄럼이 없다. 방초정이 품고 아꼈던 것은 시각적 수려함이 아니라 자연과 더불어 살아가는 인간의 아름다움과 진솔한 정서였기 때문이다. 자신들의 정자였지만 남을 배려하는 마음을 담았기에 방초정은 그 이름처럼 풋풋하고 향기로운 모습으로 명정名亭의 반열에 이름을 올릴 수 있었던 것이다.

5) 삼강의 기림 공간: 절부 화순최씨 정려각

주자학의 생활 규범적 가치의 정수는 충·효·열인데, 전통

시대에는 이것을 삼강三綱이라 불렀다. 본질적으로 충·효·열은 신분과 귀천을 막론하여 요구된 가치였지만 치자 계급인 양반에게는 더욱 엄격하게 적용되었다. '양반답게' 살고 행동한다는 것은 그만큼 어려운 일이었고, 때로는 살신의 고통을 감수해야 하는 경우도 많았다.

충과 효를 치가治家의 덕목으로 삼아 그 어떤 집안보다 유교적 가치에 충실한 삶을 살아온 정양공종가는 임진왜란이라는 미증유의 국난을 맞아 절부節婦를 탄생시키게 되는데, 그 사연이 참으로 애처로워 듣는 이의 가슴을 시리게 한다. 그 주인공은 이정복의 아내 화순최씨이다. 적개공신 이숙기의 5세 종손으로 태어난 이정복은 18세 되던 1592년 혼사를 서두르게 된다. 집안의 격으로 보나 개인의 자질로 봐서 여간한 규수가 그의 배필이 되기는 어려웠다. 정양공의 제사를 받들 종가 안주인의 자리였기에 온 집안이 나서서 규수를 물색했고, 마침내 양천 하로에 살던 화순최씨 집안의 처녀와 정혼했다. 당시 규수의 나이는 17세였다. 종손의 혼사였던 만큼 모든 절차도 예법에 따라 엄격하게 준비했고, 시부모를 비롯한 집안사람들은 4월 중순으로 잡힌 신행 날짜만 손꼽아 기다렸다.

그러나 이 무슨 고약한 운명이란 말인가. 신행을 얼마 남겨두지 않고 부산에 상륙한 왜군은 동래·울산·경주·영천을 점령하고 파죽지세로 북상해 오고 있었다. 하필이면 신행 준비를 서두르던 그 무렵 왜군이 졸지에 들이닥쳤다.

　화순최씨는 적이 들이닥치자 죽더라도 시가㛐家에서 죽겠다고 하고 감천면 하로에서 가족과 함께 구성 쪽으로 피난을 떠났다. 원터에 있는 시가에 들르니 이미 시가 식구들은 피난을 떠난 뒤라 수소문 끝에 선대의 산소가 있는 능지산에 있음을 알고 그쪽으로 가던 중 왜적을 만나게 되었다.

　조선의 강토를 유린하기 위해 침략한 왜군에게 윤리와 예법이 통할 리 있었겠는가. 부인은 참으로 현숙한 여인이었던 것 같다. 생명을 넘어 정절의 위협을 느끼는 다급한 순간에도 평심을 잃지 않았다. 오히려 동행했던 친정 부모의 안위와 시댁의 명예를 먼저 걱정했다.

　나는 죽기로 결심하였으니 부모를 안전하게 귀가시켜 달라.

　부인이 이 세상에 마지막으로 남긴 말이었다. 왜군에게도 일말의 인정人情은 있었던지 그녀의 마지막 당부는 받아들여졌다.

　부모가 집으로 돌아가는 것을 본 부인은 조금의 지체함도 없이 산중의 못에 몸을 던져 정절을 지켰다. 17세라는 참으로 꽃다운 나이에 삼강을 위해 목숨을 버린 것이다. 국난기에 목숨을 잃은 여인이 어디 한두 사람이겠는가마는 그녀의 죽음은 왠지 애잔한 마음이 더해진다. 이후 세상 사람들은 부인이 몸을 던진 연못

최씨담

을 '최씨담' 이라 일컬으며 그녀의 정절을 기렸다. 지금은 상원리
마을 어귀 방초정 옆에 있는 연못을 최씨담이라 하지만 부인이
몸을 던진 연못은 명북동榆北洞에 있는 심담이 아닐까 싶다. 마을
이름이 지동池洞인 데다 부인의 묘소까지 그곳에 있으니 말이다.

　　나중에 알려진 사실이지만 최씨부인이 연못에 몸을 던질 때
함께 죽은 사람이 더 있었다. "부모와 가인家人들이 모두 물에 빠
져 죽었다"는 기록이 대변하듯 온 가족이 화를 당한 것 같다. 그
중에는 석이라는 이름의 종도 끼어 있었다. 필시 최씨 집안에서
부리던 신실한 종으로 부인과 그 일가를 지키려다 함께 죽음을

화순최씨 정려각

충노석이지비

맞은 것이 분명했다.

　여인은 정절을 위해 죽었고, 종은 주인을 위해 죽었으니 그
의리는 하나이다. 최씨부인의 절행은 애틋한 미담이 되어 고을
사람들을 감동시켰고, 어느새 고을을 넘어 나라님에게까지 보고
가 되었다. 그리하여 1632년(인조 10)에 정려旌閭를 내리고 인조가
손수 쓴 정려문을 하사했다. 1764년에 정문旌門을 세웠다. 이후
1812년(순조 12)에 여각을 고쳐 짓고 현재에 이르고 있다. 한편 석
이의 존재는 한동안 묻힌 역사가 되었지만 1975년 연못을 준설
하는 과정에서 '충노석이지비忠奴石伊之碑'라 새겨진 비석이 발견
됨으로써 그 존재가 새롭게 드러나게 되었다. 여기서 우리는 정
양공 집안사람들의 인간애와 마주하게 된다. 그 신분이 비록 천
할지라도 그 행위의 고결함에 대한 감사와 기림의 마음을 작은
비석에 새겨 두었으니 역시 큰집 사람다운 포용력이라 하겠다.

6) 도동서원: 이씨 집안의 일묘오현─廟五賢

　구성면 상좌원리 도동道洞마을에 가면 혈식군자血食君子들의
제향처가 있다. 도동서원道洞書院이 바로 그곳이다. 도동마을의
명칭은 '도를 듣는다'는 의미의 문도동聞道洞이다. 문도라는 말
이 "아침에 도를 들으면 저녁에 죽어도 좋다"고 한 공자의 말씀
에서 유래한 것이고 보면 그 뜻이 자못 육중하다.

도동서원은 충간공忠簡公 이숭원李崇元을 제향하는 서원으로 1771년(영조 47)에 건립되었다. 이후 1788년에 정양공 이숙기, 문희공 이호민李好閔을 배향했고, 1794년(정조 18)에 문장공 이숙함과 문청공 이후백李後白을 추배함으로써 이른바 일가오현一家五賢의 제향처로서 그 체격을 완비하게 된다.

당초 도동서원은 연천군 이보정의 아들 이숭원의 주향처로 출발하였지만 연성군 이말정의 이숙기·숙함 형제와 그 자손들까지 추배됨으로써 연안이씨 보주공파의 문중 서원으로 기능하게 된다.

조선은 주자학朱子學의 나라였고, 그 주자학은 서원을 통해 사회의 저변으로까지 확산되어 갔다. 본디 서원은 주자학의 발전에 기여한 학자를 기리는 공간이었지만 점차 충신忠臣·양신良臣 및 절의지사로까지 대상이 확대되어 갔다. 도동서원에 배향된 인물은 모두 한 시대를 풍미했던 충신·양신이라는 점에서 이론의 여지가 없다.

상원·상좌원의 이씨들이 도동서원을 건립하여 봄가을로 향화香火를 지핀 본뜻은 무엇이었을까? 물론 일차적으로는 숭조 의식의 발현으로 해석할 수 있을 것 같다. 숭조는 집안에서의 제례를 통해서도 행할 수 있다. 그럼에도 군이 서원을 건립한 것은 이른바 '도동오현道洞五賢'이 자손들의 무궁한 추모를 넘어 사회적 기림의 대상이 되어야 한다는 바람 때문이었다. 서원에 제향

되어 사회적 기림을 받는 조상, 우리는 그것을 현조라 한다. 결국 지례의 연안이씨들은 현조의 사림적 공공성을 인정받는 한편, 이를 통해 연안이씨의 문벌적 수월성秀越性을 강화하기 위해 도동서원을 출범시킨 것으로 이해할 수 있다. 이로써 상원·상좌원의 이씨들은 사림에서 공인하는 '혈식군자血食君子'를 받드는 집안으로서의 가격을 더욱 신장하게 된다. 제향인들의 면면을 보자면 사림이 앞장서고 나라에서 호응하여 이들의 영혼을 위로하고 또 격려했어야 하는 것이 마땅했다. 도동서원의 예를 통해 우리는 조선왕조 '격려행정'의 사각지대를 실감하게 된다.

여기서 잠시 도동오현의 역사적 기여와 삶의 자취를 살펴볼 필요가 있을 것 같다. 서원은 조상숭배의 공간이 아니라 사회적 기림의 장이므로 그 행적은 매우 중요한 의미를 가지기 때문이다. 정양공과 문희공 이호민은 별론할 예정이므로 여기서는 생략하기로 한다.

(1) 이숭원: 겸양과 청빈의 리더십

이숭원李崇元(1428~1491)의 자는 중인仲仁, 시호는 충간忠簡이다. 1453년(단종 1) 증광 문과에 장원하여 주부·정언·지평·형조정랑·이조정랑 등 중앙의 요직을 두루 거쳤고, 무려 6년을 승정원에서 승지로 근무하며 왕을 측근에서 보좌했다. 1471년에는 성종 즉위에 기여한 공으로 좌리공신佐理功臣 3등에 녹훈되고 연원군延原君에 봉해졌다. 이후 그는 형조판서·대사헌·한성판윤을 거쳐 함경감사·이조판서를 지내는 등 엘리트 관료로서 그 환력이 매우 화려했다. 특히 1485년 우참찬 재직 시에는 정조사의 낙점을 받아 명나라를 다녀옴으로써 국제적 안목을 넓혔으며, 좌참찬·병조판서 등을 역임하며 국리민복에 크게 이바지했다.

이숭원은 뛰어난 학식과 문장을 바탕으로 성종시대의 우문정치右文政治를 이끈 주역이 되었다. 특히 그는 감사로 나가서는 민복에 전념했고, 중국에 사신으로 가서는 국리를 도모함으로써 이도쇄신吏道刷新과 국리민복을 주도한 양신으로 기억될 수 있었다. 무엇보다 그는 공신에 녹훈되어 그 지위가 정경의 반열에 올랐으나 그 삶이 지극히 청빈하여 모든 관료들이 선망했던 청백리에 선발됨으로써 청사에 아름다운 이름을 남겼다.

홍귀달洪貴達이 그의 신도비명을 지으면서 "평생 유희를 즐기지 아니했고, 재물을 탐하지 않아 높은 벼슬에 올랐어도 집은 빈 독처럼 소연蕭然했다"고 한 표현을 보더라도 그가 얼마나 자기 단속에 철저했는가를 잘 알 수 있다.

(2) 이숙함: 경국經國의 문장과 문교의 진흥

이숙함李淑珹의 자는 차공次公, 호는 몽암夢菴·양원楊原이며 정양공의 아우이다. 1454년 증광문과에 합격하여 경창부승을 지냈고, 이듬해인 1455년 세조가 즉위하자 좌익원종공신에 녹훈되고 감찰을 지냈다. 1457년에는 문과 중시에 합격하여 문명을 크게 떨쳤으며, 1459년에는 호당에 선발되어 사가독서賜家讀書를 하는 은전을 누렸다. 특히 1466년 응교 재직 시에는 발영시拔英試에 2등으로 합격함으로써 한 시대가 주목하는 문신으로 우뚝 성장했다. 이런 맥락에서 1484년에는 홍문관부제학이 되었고, 1485년에는 당대 문단의 거장 대제학 서거정徐居正과 함께 『동국통감東國通鑑』의 편찬에 참여했다. 이후 전라감사·대사성·충청감사를 역임하며 민생의 개선과 우문정치의 확산을 위해 혼신의 노력을 다했다.

특히 그는 함경감사 재직 시에 '교화가 근본이고 형법刑法은 말단이다' 라는 방침 아래 『소학小學』을 발간하여 보급함으로써 북방의 문풍 진작에 크게 기여했고, 그 보답으로서 함흥의 문회서원文會書院에 위패가 봉안되었다.

또한 그는 문장에 뛰어나 하위지 등 명사들로부터 '문단의 종장' 으로 일컬어지기도 했는데, 그 자취는 『동국여지승람東國輿地勝覽』의 곳곳에서 찾아볼 수 있다. 그중에서도 율곡栗谷 집안의 정자인 화석정花石亭의 이름을 직접 명명하고 그 내력을 적은 '화석정기花石亭記' 는 천하의 명문으로 두고두고 회자되었다. 아울러 그는 글씨에도 조예가 깊어 명필로 이름이 높았는데, 성종 때

충청도 온양에 조성한 온천의 기념비석인 '신정비神井碑'의 비문
이 바로 그의 작품이다.

(3) 이후백: 청련青蓮처럼 맑은 학자·문신

이후백李後白(1520~1578)의 자는 계진季眞, 호는 청련青蓮으로,
관찰사 숙함淑瑊의 증손이다. 어려서 부모를 잃고 생가 백부 슬하
에서 성장했다. 소년 시절에 이미 문명이 알려졌고, 경상감사가
'탑반송塔畔松'이라는 시제를 내리자 즉석에서 시를 완성하여 주
위를 놀라게 했던 수재였다. 이후 이의건李義健·최경창崔慶昌·
백광훈白光勳 등에게서 수학하여 학식과 문장이 더욱 깊어지고
세련되었다.

1555년 문과에 합격했고, 1558년 승문원박사 재임 시에는
호당湖堂에 선발되어 사가독서하는 기회를 얻었다. 이후 설서·
사서·정언·사간을 비롯하여 병조좌랑·이조정랑·의정부사
인 등 사림의 극선極選을 두루 거쳤다.

1567년 동부승지·대사간·병조참의·도승지·예조참
의·홍문관부제학·이조참판을 거쳐 1573년에는 종계변무사宗
系辨誣使로 명나라를 다녀왔다. 이어 1574년 형조판서·평안감사
를 지낸 뒤 이조판서와 양관 대제학을 지냄으로써 사림시대의 관
료로서 참으로 화려한 이력을 남겼다. 사망한 지 12년째 되던

1590년에는 종계를 변무한 공을 인정받아 광국공신光國功臣 2등에 녹훈되고 연원군에 추봉되었다. 이후백은 뛰어난 문장가이기 전에 출천의 효자였고, 주경야독했던 성실한 선비 지식인이었다. 또한 그는 불의를 배척할 줄 아는 강단이 있었고, 사림계 양우良友들과의 교유를 통해 끊임없이 자기개발에 노력한 지혜로운 사람이기도 했다. 권력을 지닌 자에게는 위엄과 법도로 임했고, 백성은 자애와 관용으로 대했다. 어떤 청탁도 배격했던 개결함은 그의 또 다른 개성이 되었고, 김장생金長生을 추천한 것에서는 사람을 알아보는 식견이 징험되었다. 재주가 뛰어난 사람은 덕이 부족하다는 말이 있지만 이후백은 출중한 학식과 문장을 지녔음에도 항상 겸양과 관대함 그리고 백성에 대한 사랑으로 그의 삶을 일관했다. 이것이 그의 위패가 서원에 봉안되어 공공의 기림을 받아야 하는 이유였다.

4. 정양공종가를 지켜 온 사람들

1) 종손의 계보와 삶의 지향: 600년 '정양세가靖襄世家' 의 주인들

연안이씨 정양공 가문은 파조 이숙기에서 현 종손 이철응李 哲應까지 총 18대에 걸쳐 종통을 이어 왔다. 여기에 차종손 이동 원李東遠을 포함하면 19대가 되고 그 역사는 600년에 이른다. 영 남에는 크고 작은 무수한 종가들이 존재해 왔지만 이처럼 오랜 역사를 가진 집안은 많지 않다. 종가 또는 종통의 시작점이라 할 수 있는 불천위 인물에 기준한다면 적개공신에 함께 녹훈된 경주 양동의 경주손씨 계천군종가, 영주의 인동장씨 연복군종가와 그

연륜을 같이하는 셈이다. 정양공에 대해서는 별론할 예정이므로 여기서는 그 이하 종통을 계승한 인물들의 계보를 중심으로 살펴보기로 한다.

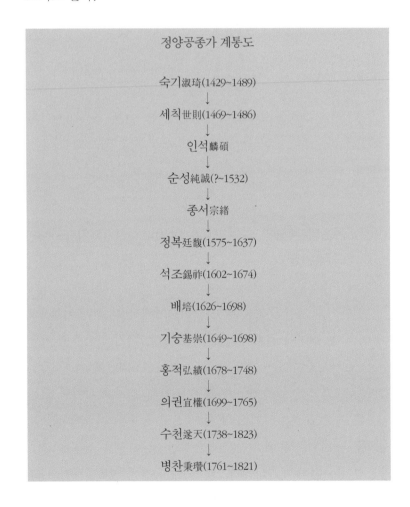

정양공종가 계통도

숙기淑琦(1429~1489)
↓
세칙世則(1469~1486)
↓
인석麟碩
↓
순성純誠(?~1532)
↓
종서宗緖
↓
정복廷馥(1575~1637)
↓
석조錫祚(1602~1674)
↓
배培(1626~1698)
↓
기숭基崇(1649~1698)
↓
홍적弘績(1678~1748)
↓
의권宜權(1699~1765)
↓
수천邃天(1738~1823)
↓
병찬秉瓚(1761~1821)

복환復煥(1793~1833)
↓
지룡志龍(1819~1863)
↓
현기鉉琪(1848~1905)
↓
찬영燦永(1885~1936)
↓
창화昌和(1903~1943)
↓
철응哲應(1945~현재)
↓
동원東遠(1974~현재)

정양공은 정부인 남양홍씨와의 사이에서 세범世範·세칙世則 두 아들과 각기 류자담柳自潭·최중엄崔仲淹에게 출가한 두 딸을 두었다. 이 가운데 종통을 계승한 사람은 둘째 아들 세칙이었고, 이것은 혈손血孫 봉사하라는 왕의 명에 따른 것이었다.

이세칙은 자질이 영민하고 문재가 출중하여 15세에 사마시에 입격했고, 성정 또한 맑고 곧았다고 한다. 학문에 있어서는 경학經學과 예학禮學에 공을 들였다. 사우 간에 신망도 높아 당대 사림의 명사였던 남효온南孝溫은 이세칙을 자신의 사우록에 입전하여 그 행덕을 아래와 같이 평가했다.

이세칙李世則은 자가 효옹效翁이다. 연안군延安君 숙기淑琦의 아들로, 기개가 있었고 곧은 것을 좋아하였으며, 맑은 지조가 출중하였으며 시문에 능숙하였다.(南孝溫, 『秋江集』 권7, 「師友名行錄」)

　　곧은 기개, 맑은 지조, 능숙한 시문으로 압축되는 그의 정신 세계와 재능은 아버지 정양공으로부터 물려받은 것임에 분명했다. 가전家傳에 따르면, 이세칙은 차자로서 종통을 전계받아 상원 마을에 정착한 것으로 알려져 있다. 하지만 당시 문벌가문의 주거 형태를 고려한다면 그 또한 서울에 거주 기반을 두고 상원을 왕래했을 가능성이 크다. 이런 정황은 그의 산소가 광주 돌마突馬(지금의 성남시 분당구 중앙공원 일대)에 소재한 것에서도 짐작할 수 있다. 이세칙은 서울의 경제京第와 지례 상원의 향제鄕第를 이원적으로 경영했다고 보는 것이 맞을 것 같다.

　　적개·좌리공신의 아들답게 이세칙은 국중의 명벌 청송심씨 집안에서 아내를 맞았다. 심씨부인은 세종의 장인 청천부원군 심온沈溫의 증손녀였으니, 세가의 법도에 따라 현숙하게 자란 여인이었을 것이다. 비록 그는 18세로 단명하였지만 외아들 이인석에게 가통을 전하게 된다. 이인석은 공신의 적장손 자격으로 대호군을 지냈고, 초취 함양오씨와 재취 청주한씨 사이에서 3남 1녀를 둠으로써 단약했던 족세에 활기를 불어넣게 된다. 특히, 한씨부인은 충간공 이숭원의 외손녀였으므로 이인석과는 8

촌의 척분이 있었다. 이를 통해 문벌적 범위 내에서 배필을 구했던 조선 전기 사대부들의 혼인문화를 여실히 살필 수 있다.

이인석의 장자 이순성은 대호군, 그의 아들 이종서는 부호군을 지내며 집안의 사환 전통을 이어 나갔다. 특히 이종서는 1604년 15공신이 회맹할 때 정양공의 적장손으로서 회맹에 참여하는 등 정치사회적 활동이 왕성했다. 그는 고성남씨 집안에 장가들었는데, 처증조 남인南寅은 신숙주申叔舟의 손자이자 대문장가였던 기재企齋 신광한申光漢의 매부였다. 또 남인의 사위가 오경민吳景閔이었는데, 오경민의 손자가 바로 우계牛溪 성혼成渾의 고제로서 인조조에 영의정을 지낸 오윤겸吳允謙이었으므로 이종서는 현직 수상과 6촌의 척분을 지니게 되었다. 이런 인척 관계에 바탕한 세의는 정양공종가의 정치사회적 활동의 범위를 신장하는 데 커다란 발판이 되었다고 할 수 있다.

한편 정양공종가 사람들은 이세칙의 아들 이인석 대부터 상원에 분묘를 조성함으로써 향제가 있던 지례와의 연고성이 더욱 깊어지게 된다. 이런 가운데 이종서의 아들 이정복이 방초정을 건립함으로써 상원은 음택과 양택을 아우르는 명실공히 정양공 가문의 백세터전으로 정착되어 갔다.

이종서는 정복 · 정온 두 아들과 장흥한張鴻翰에게 출가한 딸 하나를 두었는데, 장자 이정복이 바로 앞에서도 잠시 소개한 방초정의 주인공이다. 이정복은 실용實用의 학문에 독실했고, 임천

林泉에서 덕을 기르고 닦은 학자였다. 방초정을 면학의 터전으로 삼아 학문·저술 및 일문 자제들의 교육에 매진했고, 점차 학행이 알려지면서 1601년에는 은일로 천거되어 김천찰방金泉察訪에 임명되었다. 하지만 그는 이를 단호하게 사양하고 이호민李好閔·여대로呂大老 등의 명사들과 교유하며 묵묵히 학자의 길을 걸었다. 같은 고을의 학자로 그의 절친한 벗이었던 여대로가 증정한 시에는 병환 속에서도 도학에 힘쓰는 학자적 반듯함에 대한 우려와 찬사의 마음이 듬뿍 담겨 있어 보는 이의 마음을 뭉클하게 한다.

　　이정복이 어떤 인물과 사제 관계를 맺었는지는 자세하지 않지만 인척 관계를 통해서 볼 때, 기호학파인 이이李珥, 영남학파인 장현광張顯光 학통과 관련이 깊어 보인다. 이정복에게는 장홍한張鴻翰이라는 자형이 있었다. 용맹과 지략이 남달랐던 장홍한은 1593년 의병을 일으켜 김산·개녕·선산·지례 등에 주둔한 왜적을 토벌하는 데 공을 세운 뒤 1594년 3월 군중에서 순국한 의사였다. 그는 조광조의 문인이었던 죽정竹亭 장잠張潛의 손자였는데, 위로 다섯 명의 형과 자형 한 사람이 있었다. 이 가운데 셋째 형 장광한張光翰은 여헌旅軒 장현광張顯光의 문인이었고, 넷째 형 장용한張龍翰은 율곡栗谷 이이李珥의 문인이었다. 한 집안에 기호·영남 학통이 공존했던 셈인데, 장홍한의 경우 송환기가 그의 현양문자를 찬술했고, 후손들 또한 노론으로 활동한 것으로 보아 율곡학통에 더 가까웠던 것 같다. 이런 정황을 고려한다면 이정복 또한 율곡학통과 일정한 연관성이 있지 않았을까 싶다.

이정복 이후 정양공종가는 한동안 공신 적장손으로서의 신분은 당당히 유지하였으나 벼슬길은 그리 순탄치 않았다. 이정복의 아들 이석조는 사복시정, 손자 이배는 호조참의, 증손 이기숭은 호조참판에 추증되었을 뿐이었다. 이들 3대가 추증을 받은 것은 1767년(영조 43) 이기숭의 차자 이봉적이 동지중추부사에 오른 것에 따른 은전 때문이었다. 그나마 이배는 세가의 법도를 준수하며 학문에 독실했고, 문학적 자질 또한 탁월하여 향시에는 여러 번 입격하였으나 끝내 문과에 오르지는 못했다. 대신 그는 자신의 지식과 지혜를 담은 유고를 남김으로써 식자로서의 역할을 다했다.

'적선지가積善之家 필유여경必有餘慶'이란 말처럼 임천에서 학덕을 쌓으며 반듯한 가풍을 실천하던 정양공종가는 이기숭의 아들인 이홍적李弘績 형제 대에 이르러 새로운 도약을 예고하게 된다. 우선 이홍적은 비록 과거 출신은 아니었지만 1747년(영조 24) 절충장군용양위부호군을 거쳐 통정대부에 올랐다. 비록 실직은 없었지만 당상관의 품계를 지닌 것은 가격의 획기적인 상승을 의미했다. 여기에 아우 이봉적李封績이 1767년 가선대부 동지중추부사에 올라 3대 추증이라는 은전을 확보함으로써 정양공종가에는 크나큰 경사가 이어졌다.

이홍적 통정대부 교지. 1747년 이홍적은 대왕대비의 尊號 가상이라는 나라의 큰 경사에 즈음하여
당상관인 통정대부에 오르는 영광을 입었다.

특히 이홍적은 담박하고 정갈한 성품을 지닌 선인善人이었
다. 여기에 효성까지 지극하여 부모가 편찮으실 때는 단지를 마
다하지 않았으며, 학식이 높아 당대 영남학파의 석학 백불암百弗
庵 최흥원崔興源과도 교유가 깊었다. 하지만 그는 의로운 기질 또
한 다분하여 1728년 무신란戊申亂이 일어났을 때는 의병을 일으
키려 했고, 이것이 여의치 않자 정양공의 사당에 나아가 강개한
마음을 토로하기도 했다. 국가적 위난이 있을 때는 언제라도 목
숨을 버릴 자세가 되어 있었으니, 이것이 바로 견위수명見危授命
의 올곧은 실천이었다. 무신란을 평정한 뒤에 시행된 '21공신회

맹二十一功臣會盟'때 천릿길을 마다하지 않고 기꺼이 회맹에 참여한 것도 의분 때문이었다.

이홍적 대에 착실히 다져진 중흥의 기반은 아들 이의권李宜權에게 고스란히 대물림되었다. 이의권은 타고난 자질이 진중하고, 용모 또한 준수한 호걸스러운 인물이었다. 오죽하면 안목이 까다롭고 좀처럼 남을 잘 인정하지 않았던 판부사 유척기兪拓基가 '당대에 드문 아름다운 자질의 소유자'로 평가했겠는가.

그런 준수한 기품과 드넓은 도량은 주변의 신망을 이끌어 냈고, 마침내 1755년 충좌위부호군을 거쳐 1757년(영조 33) 10월 28일에는 가선대부 동지중추부사에 임명되었다. 그리고 동년 12월 11일에는 가선대부 연흥군延興君에 봉해짐으로써 일신의 영광이 극도에 달하게 되었다.

연흥군 봉군교지에는 "좌리공신 연안군 이숙기의 적장손에게 법전에 따라 봉군을 승습하게 한다"는 사유가 명시되어 있었다. 뛰어난 조상의 어진 자손에 소홀하지 않았던 건실한 '보훈정책報勳政策'의 결과였다.

이의권은 연안군의 적장손 자격으로 그 군호를 승습한 것이다. 연안군, 즉 정양공의 종자·종손들은 선대의 군호를 승습할 수 있는 기본적인 자격을 갖추고 있었지만 그 자격에 따라 군호를 받은 사람은 이의권이 처음이었다. 정양공 이후 무려 10대 만에 봉군의 은전을 입었으니 집안으로서는 이보다 더한 광영이 없

이의권 연흥군 교지. 1757년 이의권은 죄리공신 연안군 이숙기의 적장손 자격으로 연흥군에 봉군됨으로써 일문의 가격을 크게 신장시켰다.

이홍적 연은군 교지. 이홍적은 아들 연흥군 이의권의 귀현에 따라 호조참판에 추증되고 연은군에 추봉되었다.

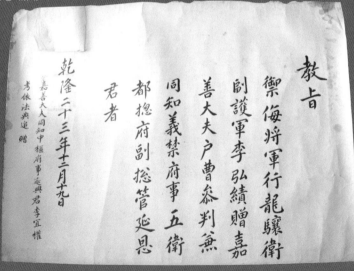

었을 것이다. 그 광영은 이의권 자신에게만 그치지 않고 1758년 12월 19일 증조부 이배는 사복시정, 조부 이기숭은 좌승지, 아버지 이홍적은 호조참판에 추증되었다.

이때 이홍적은 연은군延恩君에 추봉되는 특전을 입었고, 이 기숭의 경우 차자 봉적의 현달로 인해 1767년 9월 25일 연창군延昌君에 추봉됨으로써 이기숭·홍적·의권 3대가 봉군되는 경사를 맞게 된다. 여기에 연안군을 포함하면 정양공종가는 '일가사군一家四君'의 명가로 일컬어지며 비약적인 발전을 구가하게 되었다. 이의권은 슬하에 자녀를 두지 못해 아우 의백宜白의 아들 수천(1738~1823)을 입양하여 종통을 이었다.

이수천은 400년 정양공종가의 종손답게 학문과 행실이 뛰어났고, 보본의식 또한 철저했다. 1793년 여름 방초정에서 지은 7언절구에는 종손으로서의 무거운 책무감과 함께 선대에 대한 존경과 계승의식이 잘 표현되어 있다.

이수천은 사람됨이 단아하고 문학에 뛰어났으며, 운평雲坪 송능상宋能相의 문하에서 수학하여 학문도 깊어 세 번이나 도천道薦을 입었고, 두 번씩이나 참봉의 물망에 오른 이력의 소유자였다. 동춘당同春堂 송준길宋浚吉의 후손으로 호서학계를 주도하던 송명흠宋明欽은 그를 세한歲寒의 지절志節에 비겨 칭송했고, 김원행金元行·송환기宋煥箕 등 기호학파의 명유조차 그를 사표로 인정할 정도였으니, 그 학덕의 깊음을 족히 짐작할 수 있다. 종숙

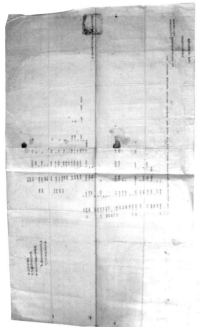

좌리공신 연안군 이숙기 가문의 공신세계단자. 1795년 적장손 이수천의 명의로 충훈부에 올린 공신세계단자. 공신 집안에 대한 보훈정책의 일단을 여실히 살필 수 있다.

이의조가 지어 준 '소리素履'라는 아호에는 담박하면서도 율신에 철저했던 그의 정신세계가 잘 반영되어 있다.

이수천의 아들 이병찬李秉瓚은 성담性潭 송환기의 문하에서 수학하여 호서와 영남의 지식문화를 두루 섭렵했고, 효우가 매우 돈독했다. 효자의 상징어인 애일愛日이라는 아호는 판서 김희순金羲淳이 지어 준 것으로 그의 효행은 호서를 넘어 서울에까지 파다했던 것 같다. 특히, 묵헌默軒 이만운李萬運은 이수천에게 편지를 보내 그의 학자적 자세와 자질을 크게 칭찬했다.

이후에도 정양공종가 사람들은 가학을 충실히 계승하여 시서에 정진하며 효우에 힘썼고, 기상이 굳건하여 소절에 얽매이지 않았던 이병찬의 손자 이지룡李志龍은 송달수宋達洙로부터 "우리 무리 속에 사람이 있다"는 찬사를 듣기도 했다.

이지룡의 아들 이현기는 말과 논의가 정직하고 봉제사 접빈객에 소홀함이 없었으며, 스승 연재淵齋 송병선宋秉璿은 그의 학문과 인품을 크게 신뢰하여 중재中齋라는 아호를 지어 주었다. 그리고 아들 이찬영李燦永 또한 가업을 충실히 계승하는 한편 정양공의 묘갈을 새로이 건립하는 등 위선사업에 혼신을 다했다. 그런 정신은 아들 창화昌和를 거쳐 손자 철웅에게까지 면면히 이어져 오고 있다.

20대 600년이라는 장구한 세월을 거쳐 오는 동안 정양공종가 사람들의 마음속에는 충신의 자손이자 학자의 후손이라는 자부심이 있었다. 그 자부심은 집안 또는 문중을 넘어 지역사회 및 국가의 안정과 발전을 위한 원동력으로 존재했다는 점에서 정양공종가는 국가·사회를 유지하는 버팀목이 되기에 충분했다.

공신의 자손으로서 녹이 끊이지 않았고, 학문이 풍부했기에 글을 빌리는 일이 없었으며, 행실이 반듯했기에 남의 비난을 사지 않았다. 이 점에서 정양공종가는 관인으로서, 학자·선비로서 끊임없이 자기완성을 위해 노력했던 몇 안 되는 종가의 하나로 기억되어야 할 것이다.

2) 정양공종가 사람들의 척연과 학연

(1) 혈연적 유대와 결속: 혼맥

혼반은 저울과 같다는 말이 있다. 전통시대의 혼반은 가격家格을 가늠하는 잣대로 작용했음을 뜻한다. 또 혼반은 그 집안의 정치사회적 성향을 보여 주는 가늠자인 동시에 새로운 문화가 유입되고 재창출되는 소통의 길이기도 했다.

정양공종가 사람들은 어디에 내놓아도 손색이 없는 혼반을 형성하고 있었다. 그 흐름은 약 20대를 내려오기까지 변함없이 유지되었다. 정양공에서 현손 이종서 대까지는 서울혼이 대세를 이루었고, 그 이하로는 영남혼을 중심으로 일부 호서혼이 포함되어 있다.

우선 정양공은 남양홍씨 관찰사 홍이洪彛 집안과 혼인했고, 아들 이세칙李世則은 세종의 국구 청천부원군 안효공安孝公 심온 집안에 장가들었다. 정양공의 현달이 국중 명벌과의 혼인으로 이어진 것이다. 손자 이인석李麟碩은 함양오씨 좌윤 오현량吳賢良 집안 및 청주한씨 안양공安襄公 한종손韓從孫 집안, 증손 이순성李純誠은 문화류씨 사간 류종평柳從平 집안, 현손 이종서는 고성남씨

삼괴당三槐堂 남지언南知言 집안과 혼인하였는데, 모두 경화京華 명족들이었다.

5세손 이정복李廷馥 대부터는 영남혼의 양상이 뚜렷했는데, 이는 주거 기반의 변화에 따른 자연스러운 현상이었다. 앞서 언급한 바와 같이 그는 처음에 김산에 살던 화순최씨 집안에 장가들었으나 신행 전에 신부가 자진하는 곡절을 겪었고, 의성김씨 관란재觀瀾齋 김여권金汝權 집안으로 두 번째 장가를 들었다. 김여권은 임진왜란 때 소실 위기에 처한 지례향교에 봉안되어 있던 유현儒賢의 위패를 구출한 선비로 잘 알려져 있다.

이정복의 아들 이석조李錫祚는 개령에 거주하던 생원 이찬귀李纘貴의 손녀와 원주서씨를 각기 초취와 재취로 맞았고, 손자 이배는 밀양박씨 부사 박희증朴希曾의 집안에 장가들었다. 증손 이기숭李基崇은 상주에 살던 상산김씨 낙애洛涯 김안절金安節의 손서가 되었는데, 학식과 문장이 뛰어났던 김안절은 대북정권의 전횡을 보고 벼슬을 포기한 절사節士로 정평이 높았다.

현손 이홍적李弘績은 여산송씨 판결사 송이기宋以琦 집안, 5세손 이의권은 장연변씨 도탄桃灘 변사정邊士貞 집안, 6세손 이수천은 양천허씨 우의정 허침許琛 집안과 혼인하였으며, 7세손 이병찬李秉瓚은 은진송씨 송이상宋頤相의 사위가 되었다. 이병찬의 혼맥은 호서권 사족과의 통혼이라는 점에서 주목되고, 그의 처가가 우암尤庵 송시열宋時烈 형의 집안이라는 점에서 특별함이 있었다. 그리고 이 혼인은 이병찬의 아버지 이수천의 학문적 위상을 반영하는 것으로 보는 것이 맞을 것 같다. 송능상의 문인이었던 이수천은 학행이 뛰어나 세 번이나 도천을 입은 명사였고, 송명흠·김원행·송환기 등 기호학파 석학들과의 교유도 빈번했다. 이 과정에서 그는 기호학파의 핵심 가문인 은진송씨 집안에서 며느리를 구한 것으로 해석된다. 이는 학연이 혼맥으로 발전한 전형적인 예에 속한다. 이병찬은 은진송씨가 사망하자 김산에 세거하던 창녕조씨 집안에서 재취를 맞았다. 김산의 창녕조씨는 사림의 명현으로 추앙받은 문장공文莊公 매계梅溪 조위曺偉 집안이다.

8세손 이복환李復煥은 고성남씨 남지언 집안과 혼인했다. 종통에 한정할 때, 고성남씨와는 이종서 이후 두 번째로 혼인함으로써 중혼 관계를 형성하게 되었다. 9세손 이지룡은 충주박씨 집안, 10세손 이현기는 청주정씨 진사 정주석鄭疇錫의 손서가 되었다. 정주석은 이황李滉·조식曺植의 고제로서 한강학파寒岡學派를 형성하여 17세기 영남학계의 맹주로 인식된 한강寒岡 정구鄭逑의 후손이다.

11세손 이찬영李燦永은 진주강씨 문량공文良公 강희맹姜希孟의 집안에, 12세손 이창화李昌和는 성산여씨 집안에, 13세손 이철응李哲應은 곡산한씨 집안에 장가들었다. 정양공의 외조부가 바로 곡산한씨 한옹임은 이미 앞에서 언급했다. 한옹 일가는 사위 이말정에게 지례 전장을 물려준 뒤 손자 대에 경주로 이주하였는데, 현 종부는 바로 그 자손이다. 우연치고는 그 이치가 오묘하다.

한편 정양공종가의 사위로 들어온 사람들도 대부분 명가의 자제들이었다. 이석조의 사위 장희달張喜達은 율곡 문인 장용한張龍翰의 손자였다. 장희달의 아들 장류張瑠는 호가 안재安齋인데, 송시열宋時烈·권상하權尙夏의 문하에서 수학한 인재였다. 그리고 이배의 사위 하응성河應聖은 진주 출신으로 '남명南冥 이후 일인자'로 일컬어진 학자 하홍도河弘度의 종현손이었다. 이수천의 큰사위 심능주沈能冑는 청양군靑陽君 심의겸沈義謙, 작은사위 이경정李景㝡은 평정공平靖公 이약동李約東의 후손이라는 점에서 문벌이 혁혁한 집안의 자제들이었다. 이현기 또한 쟁쟁한 집안에서 사위를 맞았는데, 큰사위 정주석鄭周錫은 임진왜란 당시 길주대첩을 이끈 농포農圃 정문부鄭文孚의 후손, 작은사위 심경섭沈景燮은 청양군 심의겸의 후손, 셋째 사위 정이현鄭理鉉은 사림오현의 한 사람인 일두一蠹 정여창鄭汝昌의 후손이었다.

이처럼 정양공종가는 심온沈溫·한옹韓雍·강희맹姜希孟·정여창鄭汝昌·조위曺偉·이약동李約東·허침許琛·변사정邊士貞·심의겸沈義謙·정구鄭逑·정문부鄭文孚·송갑조宋甲祚 등 이름만 들어도 금방 알 수 있는 명사의 집안과 통혼하며 가격을 유지·발전시켜 왔던 것이다.

(2) 학문의 연원과 갈래: 학맥

조선의 지식사회가 학파라는 단위 속에 편제되기 시작한 것
은 이름하여 퇴계退溪·남명南冥·화담花潭·우계牛溪·율곡학파
栗谷學派 등 5대 학파가 형체를 드러내기 시작한 16세기 중반이었
다. 학파는 정파와 표리관계를 이루면서 발전했고, 인조반정 이
후가 되면 우계牛溪·율곡학파栗谷學派가 중심이 된 기호학파가
서인이라는 정파적 후원 속에 학문적 주도권을 잡았다. 그나마
퇴계학파는 안동 등 지금의 경북지방을 중심으로 학문적 존재성
을 키워 나갔으나 남명·화담학파는 북인의 몰락과 더불어 그 세
력이 참으로 미미해졌다.

정양공 집안사람들은 어떤 학문적 물줄기를 수용하여 자신
들의 지적 자양분으로 삼았을까? 한마디로 말하면, 큰아들 이세
범 계통은 퇴계학파적 성향이 컸고, 종통을 이은 작은아들 이세
칙 계열은 기호학통을 계승했다. 기호학통은 18세기 이후에 서
울권 낙론洛論과 호서권 호론湖論으로 학문적 성향이 달라지는데,
정양공종가 사람들은 낙론과 호론을 두루 수용하였지만 무게 중
심은 호서권의 호론에 두고 있었다.

상원마을 정양공 집안에 학문적 훈기를 불어넣은 사람은 방
초정 이정복李廷馥이었다. 그가 뿌려 놓은 학문의 씨앗은 작은손
자 이돈李墩을 통해 싹트기 시작했고, 그 증손 이의조李宜朝에 의

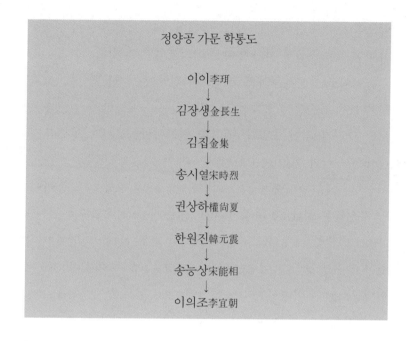

정양공 가문 학통도

이이李珥
↓
김장생金長生
↓
김집金集
↓
송시열宋時烈
↓
권상하權尙夏
↓
한원진韓元震
↓
송능상宋能相
↓
이의조李宜朝

해 화려한 꽃을 피웠다. 뒤에서도 언급하겠지만 이돈은 『대학大學』에 정통한 경학 전문가였고, 그런 바탕 위에 도암 이재의 문하에서 수학한 손자 이윤적이 '숭례군자崇禮君子'로 일컬어지면서 정양공 집안의 학문은 경학經學과 예학禮學으로 그 줄기를 잡게 된다.

이수천李遂天 및 이의조의 운평雲坪 송능상宋能相 문하 출입은 정양공 집안이 호론학통湖論學統을 계승하며 학자·선비 집안으로 일컬어지는 계기가 되었고, 이들이 약진할수록 호서와 영남의 학문적 소통도 돈독해졌다. 그 중심에 우뚝 서서 일문의 지식문화적 흐름을 조율한 사람이 바로 이의조였던 것이다.

이의조는 운평문하의 고제로서 집안의 자제들을 직접 교육함은 물론 후손들이 지속적으로 기호학통을 계승할 수 있도록 든든한 다리가 되어 주었다. 정양공 집안사람들로서 이의조의 문하에서 수학한 이는 이수호李遂浩·이수점李遂漸·이수준李遂浚·이수침李遂沉·이수원李遂元·이수함李遂涵·이병서李秉瑞 등이며, 그 자손들은 성담性潭 송환기宋煥箕, 수종재守宗齋 송달수宋達洙, 연재淵齋 송병선宋秉璿의 문하를 출입하며 기호학통을 면면히 이어갔다. 이수호李遂浩·이병찬李秉瓚·이병옥李秉玉·이병립李秉立·이병중李秉中·이병정李秉正·이병일李秉一 등은 성담문하性潭門下에서 기호학의 정수를 익혔고, 이칠균李七均·이익균李益均은 수종재문하守宗齋門下에서 높고 깊은 학문을 직접 체험했다. 이 외에도 이병기李秉紀·이필성李必性은 매산 홍직필과 교유하며 학문을 넓혔고, 이팔균李八均은 송병선과의 교유를 통해 의사의 기품을 배웠다. 이 점에서 정양공 집안사람들은 참으로 다복한 존재들이었다. 그 명성이 나라 안에 가득하고, 한 시대의 학계를 풍미했던 명사를 스승으로 삼을 수 있다는 것은 분명 축복이었다. 개인들이 자신의 삶을 축복으로 여기며 공동체를 이루어 사는 마을, 그곳이 바로 복지福地이다. 이것이 상원마을이 복된 땅이 되는 까닭이다.

제2장 **종가의 역사**

1. 불천위 행적과 역사적 의미:
정양공 이숙기

1) 걸인의 출현과 성장: 정양공의 두 갈래 가족

(1) 친가

친계와 관련하여 정양공의 직계 조상에 대해서는 앞에서 다루었으므로 여기서는 방조 또는 형제 등 포괄적 가족구성원을 중심으로 이야기를 이어 가기로 한다. 정양공이 활동하던 조선 초기는 대체로 4~6촌 범위 내에서 친족의식이 형성되는 대신 내외손을 따지지 않았다. 그것이 친4촌이든 외종外從 · 이종姨從 · 고종姑從이든 서로 나눠 가진 피의 순도가 중요했다는 뜻이다. 여기서는 정양공의 증조 이량李亮의 내외 자손, 즉 정양공의 6촌 형제·남매 그룹을 중심으로 인적 관계망을 살펴보기로 한다. 한 가지 흥미로운 사족을 보태자면 비록 뒷날의 일이지만 이량의 외손계열에서는 세 명의 국모가 배출되었는데, 현종비 명성왕후明聖王后, 숙종비 인현왕후仁顯王后, 정조비 효의왕후孝懿王后가 바로 그들이다. 이 정도 설명이면 이 계통이 왜 중요한지를 알지 않을까 싶다.

『연안이씨직강공파보延安李氏直講公派譜』에 의하면, 정양공의 6촌의 범주에 드는 인물은 총 28명이다. 이 가운데 6촌 남매가 16명, 4촌 남매가 6명이고, 친남매가 6명인데, 엘리트 계층을 이룬 계통은 역시 정양공의 숙부 이보정의 자녀들인 4촌들과 이말정의 자녀들인 자신의 친남매들이다.

정양공의 관료적 성장에 있어 아버지나 할아버지 외에 가장 큰 영향을 미칠 수 있는 사람은 백중숙부일 것이다. 정양공의 백부 이보민은 10대 후반에 이조정랑을 지냈을 만큼 관계의 신진기예로 명성이 높았지만 19세로 단명함으로써 정양공에게 직접적인 영향을 미치지는 못했다. 다만 정양공은 출사 이후 '아무개의 조카'라는 소리를 자주 들으면서 관직사회에 적응해 나갔을 것이다.

중부 이보정(1393~1456)은 자가 순보淳甫이고, 호가 남곡楠谷인데, 관료로서 무척이나 성공한 사람이었다. 1417년 진사시를 거처 1420년 문과에 합격한 뒤 집현전학사, 이조정랑 등을 역임하며 학문과 인사정책을 주관했고, 명나라에 사신으로 가서는 '예지군자禮知君子'로 추앙을 받았다. 버슬은 예조참판에 이르렀고, 아들 이숭원의 좌리공신 녹훈으로 인해 연천군에 추봉되었다. 이보정의 졸년이 1456년이고, 정양공이 출사하던 해가 1453년이므로, 두 숙질은 3년 남짓 같은 조정에서 벼슬했다. 그 기간은 비록 길지 않았지만 필시 이보정은 정양공의 신원보증인으로서 관료로서의 매무새를 가다듬어 주었을 것이다.

4촌 형제 가운데 정양공에게 가장 신실한 동료가 되어 준 사람은 이보정의 둘째 아들 이숭원이었다. 난형난제가 따로 없었다. 이숭원과 정양공은 각기 1428년생, 1429년생으로 한 살 터울이었지만 둘 다 1453년에 치러진 과거에서 우수한 성적으로 합격했다. 이숭원은 문과에서 장원했고, 정양공은 무과에서 장원했다. 서로 가는 길은 조금 달랐지만 이해 과거는 연안이씨 일문이 거의 독점하는 느낌이 들 정도였다.

국리민복이라는 공동의 가치 앞에 문과 무의 구분은 무의미했다. 두 종반은 저마다의 직분에 최선을 다해 1471년에는 나란히 좌리공신에 녹훈되어 이숭원은 연원군延原君, 정양공은 연안군延安君에 봉해졌다. 각 도의 감사 및 여러 조의 판서 등 수행한 관직도 비슷했고, 사망한 시기도 두 해밖에 차이가 없었다. 무엇보다 사망 후에는 지례 도동서원에서 함께 제향을 입고 있으니,

이보다 더한 인연이 또 있을까 싶다.

그렇다고 두 사람이 반드시 같은 것은 아니었다. 국무를 처리할 때는 소신과 주장이 다를 때가 많았다. 1479년 7월 2일 성종은 어전회의를 열어 김중손이라는 죄수의 처벌을 논의했다. 공교롭게도 한성판윤 이숭원과 형조참판 이숙기가 이 자리에 참여했다.

"종성鍾城의 죄수 김중손金仲孫이 내지內地에 거주하는 야인野人의 말을 도둑질하여 주인 되는 자가 찾아서 뒤따라오자 도리어 때려서 상하게 한 죄는, 그 율이 참형에 해당합니다" 하니, 임금이 좌우를 돌아보고 물었다. 판윤 이숭원·호조참판 이극균이 대답하기를, "율은 마땅하나, 김중손이 자수하였으니, 용서할 만합니다" 하고, 형조참판 이숙기는 아뢰기를, "남의 말을 훔치고 도리어 그 주인을 때렸는데, 사정事情이 발각되자 부득이 관에 자수하였으니, 어찌 그 처음의 마음이겠습니까?" 하니, 임금이 말하기를, "율에 의하여 처리하라"고 하였다.(『성종실록』, 1479년 7월 2일)

동일한 사안에 이숭원이 관용론을 주장한 반면 정양공은 원칙론을 고수했다. 같은 할아버지의 손자라도 조정에서 다른 주장을 할 수 있을 때 나라의 정치도 더욱 견실해지는 법이다.

(2) 외가

정양공의 외가는 곡산한씨 평절공平節公 한옹韓雍 집안이지만 선대의 외가를 포함하면 크게 다섯 집안을 외계의 범주에 넣을 수 있다. 먼저 고조 이계손의 외가인 전의이씨는 고려 말기의 대표적 권문세족의 하나였다. 이계충의 외조부 문의공 이언충李彦冲은 재상 반열의 고관직인 정당문학을 지냈고, 학문도 높아 운재선생芸齋先生이라 일컬어졌다. 이언충의 아버지 이원 역시 문한직을 지냈고, 조부 또한 재상직인 평장사를 지낸 것에서 가세의 혁혁함을 알 수 있다. 더구나 이언충은 강녕군 홍수洪綏의 사위라는 점에서도 사회적 위상이 높았는데, 홍수의 증손이 바로 조선 개국공신으로서 집현전대제학을 지낸 남양군南陽君 홍길민洪吉旼이다.

증조 이량의 외가인 경주이씨는 말 그대로 삼한의 갑족이었다. 이량의 외조부 이제현李齊賢은 고려 말 관계와 학계 그리고 문단을 상징하던 거물이었다. 특히 이제현은 한국유학사에 빛나는 학자 권보權溥의 사위라는 점에서도 주목할 만했다. 권보는 우리나라에서 최초로 『주자대전朱子大全』을 간행한 학자였고, 그 증손자가 곧 『입학도설入學圖說』의 저자로서 조선왕조 초기 문물제도의 정비에 크게 이바지한 양촌陽村 권근權近이다.

조부 이백공의 외가 영천최씨는 선대의 외가에 비해 문벌이성하지는 못했지만 사환가로서의 전통은 면면히 계승한 집안으로 파악되며, 아버지 이말정의 외가 온양방씨 또한 정통 사환가문이었다. 이말정의 외조부 방희우方希右는 소윤, 아버지 방구方句는 판전교사, 조부 방언휘方彦暉는 직학사를 지냈다.

이상에서 살펴본 바와 같이 정양공 선대의 외가는 고려 후기의 대표적 문벌가문으로 구성되어 있었다. 이들 가문과의 척연은 권보·이제현·권근·홍길민 등 고려 말~조선 초 명사들과의 직간접적인 척연으로 확대되어 갔다. 정양공이 조선왕조에 출사하여 세조~성종시대를 빛내는 관료로 성장함에 있어 척연에 바탕한 광범위한 인간 관계망 또한 중요한 영향을 미쳤음은 결코 부인할 수 없다.

정양공 이숙기의 외가는 곡산한씨이다. 정양공의 외조 한옹 집안의 상대 세계는 자세하지 않지만 한옹의 아버지 한방좌韓邦佐가 조선 초에 관찰사를 지낸 것으로 봐서 탄탄한 사환 전통이 있었던 것은 분명하다. 한옹은 곡산한씨가 배출한 가장 현달한 사람의 하나였다. 그의 행적과 인품은 『세종실록』(1425년 7월 20일)에 실린 졸기를 통해 살펴볼 수 있다.

한옹은 곡산이 본관이다. 경상도감사 장하張夏의 천거로 사천 감무泗川監務가 되었고, 여러 번 벼슬을 옮겨서 사헌부감찰이 되었다.…… 외직으로 나가서 충청도관찰사가 되었고, 들어와서 한성부윤이 되었으며, 다시 경상도도관찰사都観察使로 임명되고, 또 개성유후사부유후開城留後司副留後와 판충주목사判忠州牧使가 되었으며, 기해년에 개성유후사유후로 승진되었다가 사건으로 면직되고, 경상도 김산金山 마을 집에 돌아가서 이때에 이르러 병으로 죽으니, 향년 74세이었다. 부고가 들리니 3일 동안 조회를 정지하고 부물賻物을 보냈다. 시호를 평절平節이라 하였으니, 평은 일을 다루기에 질서가 있음을 뜻하고, 절은 청렴함을 좋아하여 사욕을 이김을 뜻한 것이다. 아들이 하나인데, 이름은 한권韓卷이었다.

비록 한옹은 문과 출신은 아니었지만 관료적 실무능력을 인정받아 관찰사에까지 올랐고, 청렴淸廉을 바탕으로 공무를 공명정대하게 처리하여 '평절平節'이란 아름다운 시호도 받았다. 앞에서도 잠시 언급하였지만 그는 김산·지례 일대에 조성해 둔 전장을 사위 이말정에게 상속함으로써 연안이씨가 영남에 정착할 수 있는 여건을 마련해 주었다. 정작 그의 본손들은 손자 한숙노대에 경주로 이주하였고, 그 후 명관을 배출하지는 못했다. 그러나 경주의 곡산한씨들은 17세기에 들어 송시열의 문하를 출입하며 서인 기호학통을 계승함으로써 상원의 이씨들과 학문·정치적인 공동보조를 취하게 된다. 이런 맥락에서 본다면, 현 종부가 경주에서 상원으로 시집온 것 또한 결코 우연이 아닌 것이다.

한옹의 관료적 삶은 청렴清廉·정직正直·공익公益, 그리고 치밀함으로 압축할 수 있을 것 같고, 이런 가치는 정양공과 너무도 흡사하다. 충신忠信에 바탕하여 국리민복의 달성에 절대적 가치를 부여했던 정양공의 관료정신 속에는 친가는 물론 외조 한옹의 유전자가 흐르고 있었던 것이다.

2) 정양공 이숙기: 조선의 수성시대를 끈 양신良臣

(1) 관료: 무로 발신하여 일국의 간성으로 추앙되다

오자암五子巖에 깃든 이말정의 자식에 대한 사랑과 기대는 1441년 장자 이숙황의 사마시 입격으로 결실을 보기 시작했고, 그 뒤를 이어 1453년 정양공과 아우 숙함도 사마시에 입격했다.

정양공이 진사시에 입격했을 때만 해도 부모와 형제들은 당연히 문과에 응시할 것으로 알고 있었다. 그러나 그것은 오산이었다. 어려서부터 날래고 용맹스러웠던 정양공은 이미 마음속으로 자신만의 원대한 꿈이 있었다. 그것은 수성시대守成時代를 이끌 나라의 간성干城, 즉 장수가 되는 것이었다. 아무리 조선 초기라 해도 대대로 문을 숭상해 온 집안의 자제가 군인의 길로 간다는 것은 결코 달가운 일이 아니다. 그것도 학식과 문장이 뛰어나 진사시에도 입격한 수재가 그랬으니 말이다.

이말정은 자식들의 적성과 뜻을 존중하는 사람이었다. 오히려 그 포부를 가상히 여기며 아들을 격려했다. 아버지의 허락을 얻은 정양공은 이해 가을에 치러진 무과에 응시하여 합격했다. 그것도 장원으로 합격하였으니, 체면을 당당하게 세웠다. 이렇게 그는 무신의 길로 갔다.

정양공은 여느 무신과는 달랐다. 장부다운 강인한 기질에 지략과 학식까지 갖추었고, 1456년 무과 중시에 합격했을 때부터는 한 시대에 보기 드문 문무겸전의 군사전략가로 주목을 받기 시작했다.

그의 준걸스러운 자질을 가장 먼저 알아본 사람은 세조였다. 세조는 그를 특별히 발탁하여 가전훈도駕前訓導로 삼아 항상 곁에 두고 명을 전하게 했고, 습진할 일이 있으면 반드시 그를 보내 살피도록 했다. 1458년 평양으로 거둥할 때 판관 직책으로 어가를 맞이하는 순간, 정양공은 완벽한 '세조의 사람'이 되었다. 임금도 신하도 모두 그렇게 생각했다. 세조는 자신의 시대를 이끌 핵심 인재로서 정양공을 육성하고 있었던 것이다.

그런 기대는 1467년 이시애李施愛의 반란을 정벌하는 과정에서 입증되었다. 북방지역에 대한 차별과 토호들에 대한 억압 정책에 반발하여 반란을 일으킨 이시애는 함길도절도사 강효문康孝文과 휘하 군관들을 살해하는 등 기세가 매우 등등했다. 이에 조정에서는 구성군龜城君 이준李浚을 4도병마도총사, 호조판서 조석문曺錫文을 부총사, 허종許琮을 함길도절도사로 삼고, 강순康純·어유소魚有沼·남이南怡 등을 대장으로 삼아 3만의 관군을 동원시켜 반란군을 진압하게 하였다. 이때 정양공은 맹패장猛牌將으로 참전하여 전략·전술 양면에서 혁혁한 공을 세우게 된다. 그 대표적인 것이 '삼리삼불리책三利三不利策'이다. 총사령관 이준은 전세를 뒤집기 위해서는 북청北靑으로의 진입이 필요하다고 판단하고 제장들에게 그 책략을 논의하게 했다. 이때 정양공은 북청 진입작전에 있어 유리한 점 세 가지와 불리한 점 세 가지를 요약하여 의견을 제시했는데, 이것이 바로 '삼리삼불리책'이다.

"북청에 들어가 점거하면 세 가지 이점이 있습니다. 읍내에 수목이 있어 벌목하여 목책을 하니 한 가지 이롭고, 먼저 창고의 곡식을 점거하니 두 가지 이롭고, 적의 소굴에 비밀히 접근하여 형세를 탐후하기 쉬우니 세 가지 이롭습니다. 평포平浦에 유둔留屯하면 세 가지 불리함이 있으니, 군사가 들에 처하여 장맛비가 열흘을 연달면 활이 풀리고 갑옷이 무거우니 한 가지 불리하고, 앉아서 군량만을 허비하니 두 가지 불리하고, 종고대終高台의 물이 창일하면 군사가 건널 수 없으니 세 가지 불리합니다" 하니, 강순康純이 탄식하기를 "오늘의 책략은 이숙기가 제일이다" 하니, 제장諸將이 모두 옳게 생각하여, 드디어 종개령鍾介嶺을 넘어 북청에 들어가 주둔하였다.(『세조실

정양공의 제안은 즉석에서 채택되었고, 정벌군은 그날로 북청으로 진입하여 토벌작전을 전개했다. 북청 진입은 종전까지 열세를 면치 못하던 전세를 역전시키는 획기적인 작전이 되었고, 마침내 승기를 잡은 관군은 그 여세를 몰아 반란군을 소탕하게 된다.

당시 39세였던 정양공은 견위수명의 투철한 사명감에 바탕하여 토벌에 임했고, 남이 · 김교와 함께 반란군을 가장 많이 포획 또는 참살한 장수로 기록되었다. 신하는 목숨을 걸고 충을 다했고, 임금은 그 노고에 따른 보상을 아끼지 않았다. 그의 활약상을 보고받은 세조는 토벌 현지에서 당상관으로 승진시켰고, 1467년 9월 20일에는 논공행상을 단행하여 '정충출기포의적개공신精忠出氣布義敵愾功臣' 1등에 녹훈했다. 그런 다음 가정대부 이조참판으로 또 벼슬을 올려 주고 연안군이라는 아름다운 군호도 내려주었다. 이제 정양공은 중하급 무관이 아니라 나라를 위기에서 구한 공신이자 국방 등 국가의 중대사를 주관하는 군호를 지닌 고위 관료가 되었다.

1467년 11월 2일 세조는 이시애의 반란을 정벌한 구성군 이준 등 45명의 공신을 소집하여 회맹연을 성대하게 열었다. 1등공신이 10명, 2등공신이 23명, 3등공신이 12명이었다. 정양공은 1

등공신 가운데 9번째로 이름을 올렸다. 이 자리는 임금과 공신이 충성과 의리를 다지는 자리인 동시에 공신들에게 공신교서, 즉 공신인준서를 내리는 자리이기도 했다. 순서상 아홉 번째로 나가서 받은 교서에는 이런 말이 적혀 있었다.

> 왕은 이르노라. 신자臣子의 충성은 적개敵愾보다 큰 것이 없고, 인군人君의 도리는 마땅히 공功을 상賞 주기에 급해야 한다. 생각건대 경은 강의强毅하여 무리와 더불지 아니하고 단방端方하여 지키는 바가 있었다. 천리千里를 절충折衝할 재주를 자부自負하였고, 백가百家에 적용할 학문學問을 품었다.(『세조실록』, 1467년 11월 2일)

세조는 정양공을 너무도 잘 파악하고 있었다. 그간 세조가 인식한 정양공은 '무리를 짓지 않고 단중·방정하게 군무에 힘쓰는 사람', '천리를 절충할 재주와 백가에 적용할 학문을 지닌 믿음직한 인재' 그 자체였던 것이다.

공신이 된다는 것은 참으로 영광스러운 일이었고, 그 보상도 컸다. 지위는 올라가고 살림살이도 풍요로워졌다. 이때 받은 교서의 원본은 남아 있지 않지만 정양공보다 한 등급이 낮은 적개공신 2등에 녹훈된 계천군鷄川君 손소孫昭의 교서를 통해 특전의 규모를 얼마든지 가늠해 볼 수 있다.

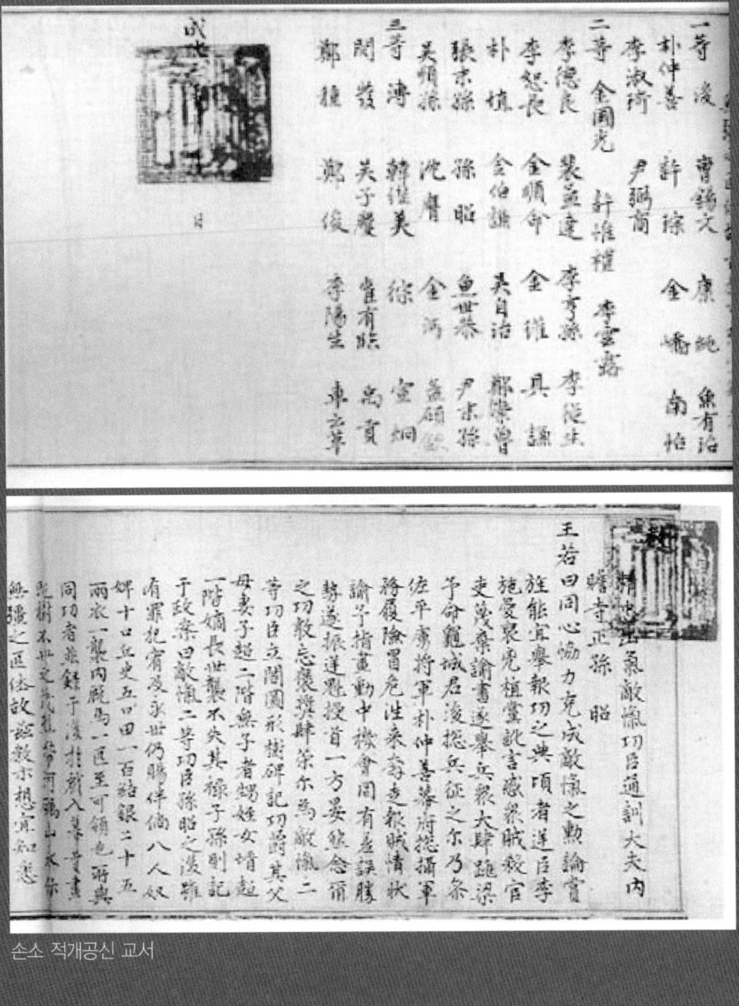

一等後
曹錫文　康純　魚有沼
朴仲善　許琮　金嶠
　　　　　　　南怡

二等　金國光
　　　尹弼商
李淑琦

許惟禮　李雲露
李德良　裵孟達　李亨孫　李從生
　　　金順命　金漑　具謙
朴墀　金伯謙　郭連城　尹末孫
張永孫　孫昭　吳自治
　　　　沈膺　魚世恭
吳順孫　沈膺　尹末孫
　　　金洞　蓋硯
三等　沈浯
閔發　韓繼美　吳子慶
鄭權　關有晛　崔有臨
　　　鄭俊　尚貢　宣炯
　　　　　李陽生
　　　　　車云革

王若曰
...（교서 본문）...
端敵愾功臣通訓大夫內
...
旌節奇正孫昭
...

손소 적개공신 교서

손소가 받은 특전은 줄잡아 반당伴黨은 8인, 노비 10구, 구사丘史 5구, 밭 100결, 은 25냥, 옷 1습, 내구마內廐馬 1필 및 초상화 제작 등이었다. 정양공은 이보다 한 등급이 높은 1등공신이었으니 그 규모는 미루어 짐작할 수 있다.

정양공은 참 바쁜 사람이었다. 그 지위가 공신의 반열에 올랐어도 격무는 줄어들지 않았다. 이시애의 반란을 정벌하기가 무섭게 그해 겨울에는 사자위장獅子衛將의 직함으로 건주위 정벌에 참여했고, 이듬해인 1468년 정월에는 좌사대장左射大將의 직함으로 세조의 온양 행차를 시종했으며, 동년 5월에는 세조를 모시고 서현정序賢亭에서 활쏘기 대회에 참여했기 때문이다. 특히 건주위 정벌 상황은 그림으로 그려졌고, 여기에 서거정의 명문장이 덧붙여져 한국전쟁사의 명장면으로 길이 남게 되었다.

이 과정에서 정양공은 건주위를 정벌한 공으로 노비 6구를 하사받고, 서현정 활쏘기 대회에서는 내구마 1필을 상으로 받기도 했지만, 막중한 책무감에 잠을 설칠 정도였다. 아니나 다를까 1468년 6월 세조는 그를 함길남도절도사로 임명하여 북방을 맡기려 했다. 이를 마다할 정양공이 아니었다. 그러나 그도 한 나라의 신하이기 전에 한 가정의 자식이었다. 공무에 쫓겨 지례 선영을 참배한 지도 6년이나 되어 마음이 아련하던 차에 공신이 되어 부모를 추증하는 은전을 입게 되었다. 아무리 바빠도 이번에는 꼭 성묘하여 자식 노릇을 제대로 해 볼 요량으로 마음이 벅차 있었는데, 그만 북방으로 가라는 왕명이 내려진 것이었다. 이에 정양공은 절박한 사정을 보고하여 약간의 말미를 간청했으나 세조는 요지부동인 채 아래와 같은 명을 내릴 뿐이었다.

"그의 아우 이숙함李淑誠에게 소분掃墳하여 분황하게 하되, 전물奠物은 관官에서 주고, 이숙기는 속히 부임하라"고 하셨다.(『세조실록』, 1468년 6월 4일)

집안일도 중하지만 나랏일이 더 급하다는 뜻이었다. 이런 내막을 거쳐 그는 북방으로 향했고, 불과 두 달 만에 자신을 그토록 아꼈던 세조의 승하 소식을 듣고 통곡하게 된다.

예종을 거쳐 성종의 치세에 접어들어서도 정양공에 대한 신임은 더욱 깊어졌다. 1471년(성종 2) 성종은 자신의 즉위에 공이 있는 신하 73명을 좌리공신에 녹훈하여 그 공을 치하했다. 1등공신은 신숙주申叔舟 등 7명, 2등공신은 월산대군月山大君 등 12명, 3등공신은 성봉조成鳳祖 등 18명, 4등공신은 김수온金守溫 등 36명이었는데, 정양공은 4등공신에 녹훈되는 영광을 입었다. 일생 한 번 되기도 어려운 공신에 두 번이나 녹훈되었으니, 복록이 이보다 더할 수는 없었다. 비록 적개공신 녹훈 때보다 특전이 줄어들기는 했지만 좌리공신 녹훈을 통해 그는 노비 4구, 구사丘史 2인, 밭 10결, 표리表裏 1단, 내구마內廄馬 1필을 또 하사받았다. 이 특

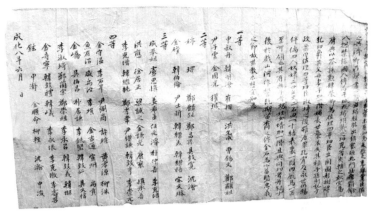

이숙기 좌리공신 교서. 1472년 이숙기가 성종의 즉위에 공을 세워 좌리공신 4등에 녹훈되고 받은 교서.

전은 재물이라기보다는 신하를 향한 군왕의 깊은 신뢰의 징표였 기에 가치를 헤아릴 수가 없었다. 이제 그가 군왕의 은혜에 답하 는 길은 직무에 성실하며 충을 다하는 것뿐이었다.

1475년 성종은 정양공을 황해감사로 임명했다. 본디 감사는 문신의 자리였으므로 무관이 임명된 것은 1430년 최윤덕崔潤德이 충청감사에 임명된 것과 1467년 선형宣炯이 공신이라는 이유로 황해감사에 제수된 것 외에는 선례가 드물었다. 그런 자리에 정 양공을 임명한 것은 공신에 대한 신뢰감의 표현이었고, 그 신뢰 는 1483년 정양공을 영안도관찰사로 임명하는 과정에서 재확인 되었다.

관직사회에 어찌 부침이 없겠는가? 1476년 9월 형조에서는 황해감사 이숙기가 화간을 강간사건으로 잘못 처리했음을 지적하며 추국을 강도 높게 요청했다. 그 결과 정양공에게는 장 100대의 판결이 내려졌지만 공신이라는 이유로 간신히 면제받을 수 있었다. 그리고 1476년 12월 전라병사 임명 시에는 성격이 너무 강경하여 직무에 적합하지 않다는 사헌부의 비판이 있었고, 1480년 10월에는 의금부에서 전라병사 재직 시에 말을 구입한 것을 문제 삼아 끝내 그를 파직시키고야 말았다. 당시 의금부에서는 장 100대를 때리고 고신을 추탈할 것을 건의했으나 이때도 성종은 파직만 명했을 뿐이었다.

강인하고 과단력이 있었던 기질과 성품은 주변으로 하여금 두려움을 갖게 했고, 그런 만큼 비난과 시샘도 컸던 것이다. 하지만 파직의 명은 결코 오래가지 않았다. 성종은 이듬해인 1481년에 정양공을 다시 조정으로 불러들였고, 변방대책 등 군국의 기무를 죄다 그와 상의하여 처리했다. 적어도 국방정책에 있어서는 그보다 더 믿고 의지할 사람이 없었음을 뜻한다.

이런 가운데 정양공에게도 사행이라는 외유의 기회가 찾아왔다. 1482년 10월 우참찬 이극증과 함께 정조사로 발탁된 것이었다. 평생을 전장 또는 민생의 현장에서 보낸 무신에게 중국 사행은 안목과 식견을 넓힐 수 있는 절호의 기회였다. 그가 중국에 가서 무엇을 느끼고 배웠는지는 알 수 없다. 다만 한 가지 분명한 것은 당시로서는 선진국가였던 명나라의 앞선 문물과 제도, 광활한 영토와 무수한 인구를 직접 목격하면서 적지 않은 충격을 받았을 것이다. 하지만 정양공은 충격에 매몰될 위인이 아니었다. 필시 그것을 계기로 삼아 국토방위의 필요성을 절감하며 그 대비에 더욱 만전을 기했을 것이다.

1483년 8월 성종은 정양공을 영안도관찰사에 임명했다. 성종은 영안도의 백성은 모질고 사나워서 교화하기가 어려웠기 때문에 정양공과 같은 강골이 필요했고, 그에게 영안도의 백성을 너그럽게 어루만지는 것도 잊지 말라고 당부하였는데, 그 속에는 전권을 위임하는 뜻이 담겨 있었다.

부임하자마자 그는 오진五鎭 백성의 수습책을 건의하여 허락을 얻었고, 1484년에는 뛰어난 무신을 추천하라는 특명에도 성실히 답하며 나라의 원로로 인식되어 갔다. 역대로 쟁쟁한 무신들이 많았지만 이런 신뢰를 받은 사람은 참으로 드물었다.

이후 정양공은 1485년 경상좌도병마절도사, 지중추부사를 역임하며 무신으로서는 이례적으로 경연의 특진관으로 활약했고, 1487년 형조판서 재임 시에는 친경親耕 행사를 무난히 치른 공으로 성종이 베푼 잔치에 초청되기도 했다. 또한 1489년에는 성종이 산영피山羊皮로 만든 좌구坐具를 특별 제작하여 허종許琮·이철견李鐵堅 및 정양공에게만 하사하며 노고를 치하했고, 동년 11월 그가 소갈증을 앓는다는 소식을 듣고는 의원을 내려보내는 특은을 베풀었다.

"듣자니, 이숙기李淑琦가 소갈증消渴證을 얻어 매우 대단한데 병든 속에도 하는 말들이 모두 강무講武 때의 일이라고 합니다. 청컨대 의원을 보내 치료하게 하소서" 하니, 전교하기를, "이숙기가 병든 것을 내가 당초에 알지 못했었다. 필시 강무할 때에 마음을 씀이 너무 수고로워서일 것이니, 잘 다스릴 의원을 보내어 치료하게 하라" 하였다.(『성종실록』, 1489년 11월 5일)

인명재천이라 했던가. 의원을 파견한 성종의 하교가 있던 다음날인 1489년 11월 4일 정양공은 호조판서 직함을 띠고 향년 61세로 파란만장한 생을 마감하게 된다. 호걸스러운 충신이자 지혜로운 양신良臣의 부음을 접한 성종은 제문을 보내 망자의 영혼을 위로하는 한편 철조輟朝를 지시하여 원로 구신에 대한 예우를 다했다.

1453년 무과에 합격한 이후 36년 동안 때로는 무거운 갑주를 걸치고 국방에 부심했고, 때로는 관복을 입고 국가안보를 위해 밤을 지새웠던 거성巨星도 세월을 거스르지는 못하고 이렇게 영면에 들었던 것이다.

(2) 학인: 문무 그리고 국제적 안목을 겸한 경세가經世家

정양공은 관료官僚인가 학인學人이가? 당연히 관료이며, 그

중에서도 무신이다. 그러나 그는 그냥 관료가 아니었고, 완력만 지닌 무신도 아니었다. 그는 지식을 지닌 관료였고, 아름다운 시 문을 구사할 수 있는 그런 무신이었다. 이것이 그가 동시대의 여 느 무신들과 구별되는 이유이다.

1453년 진사시에 2등으로 입격할 때부터 남다른 점이 있었 고, 교유한 사람도 명사들이 많았다. 정양공이 벼슬을 사는 동안 조정의 중심에서 그를 가장 염려하고 아꼈던 사람은 서거정徐居 正이었다. 서거정이 누구인가. 양촌 권근의 외손자로 세조~성종 조의 학계와 문단을 오로지하며 『동국통감東國通鑑』·『동국여지 승람東國輿地勝覽』·『동문선東文選』·『경국대전經國大典』·『연주 시격언해聯珠詩格言解』 등의 국가적 편찬사업을 주도한 인물이 아 니던가. 그런 그가 정양공을 동년同年(과거동기생)으로 일컬으며 각 별한 우의를 표했다. 아래는 1468년 6월 정양공이 함길남도절도 사로 부임할 때 써 준 서거정의 송별시이다. 과거동기생을 뜻하 는 동년이란 호칭을 쓴 것은 서거정과 정양공이 1456년에 설행 된 문무과 중시重試에서 각기 장원한 인연이 있었기 때문이다. 이 처럼 서거정은 정양공을 벗으로 대하고 싶은 마음이 컸다.

태평성대에 적개공신 일등에 책록되고   明時敵愾策元功
또 은총을 입어 대군을 총괄하게 되었네.   又被恩榮摠大戎
마음은 『육도』에 넓어 호표를 간직하였고   心豁六韜藏虎豹

※四佳詩集古　二十一　※

雨後

題蘭軒上人詩卷

雨中賞榴花

同李藝文題一絶送咸吉李節度同年藝文
即御史之弟。

明時敵愾策元功。又被恩榮摠大戎。心密六韜藏
虎豹腰纏雙劍吼雌雄。從容樽俎笑談裏鎮定山
河指顧中。大纛高牙男子事黑頭麟閣冠諸公。

文武才高弟與兄題名同榜一時榮。謫仙筆下三
千首。小范胸中百萬兵。金馬玉堂長日事碧幢紅
慎十年情愻君欲唱塤篪曲先賀朝廷得俊英。

雨中賞榴花開自在紅。小風吹淡淡微雨洒濛
濛色映枻盤裏香侵狀屢中秋來多結子知爾有
全功。

坐愛安榴樹花

急雨方塘新水生小魚翻藻荷傾疎簾半捲山
如畫落日樓臺一笛聲。

幽蘭生九畹重以清露滋揚香馥郁燁燁芳蔵
裴以此脉貞白藏寒無改移上人何獨取無乃同
襟期我欲往掇英路長山遠朝採紉予佩暎食日
尤吾飢然後我於蘭始可心自怡悠悠獨操琴
夕長相思。

驪雨

黑雲驅雨走雷霆俄頃青天白日明大識龍公多
變化功成不有寂無聲。

서거정의 『四佳詩集』. 이숙기를 전송하며 지은 시가 실려 있다.

허리엔 쌍검을 차서 자웅이 울어대누나.　　　腰纏雙劍吼雌雄
조용히 준조 사이에서 담소하는 가운데　　　從容樽俎笑談裏
산하를 응당 잠깐 사이에 진정시키겠지.　　　鎮定山河指顧中
대장군 깃발 세우는 게 남아의 일이거니　　　大纛高牙男子事
젊은 공신으로는 제공에게 으뜸이고말고　　　黑頭麟閣冠諸公

아우와 형이 문무의 재주가 모두 높아서　　　文武才高弟與兄
동방에 이름 적어 온 세상이 영화로 여겼네.　題名同榜一時榮
적선의 붓 밑에는 시가 삼천 수에 이르고　　　謫仙筆下三千首

소범의 가슴속엔 백만 군대가 들었도다.　　　小范胸中百萬兵

한림학사 시절은 오랜 세월의 일이요　　　金馬玉堂長日事

대장군막의 직무는 십 년의 마음이로세.　　　碧幢紅幕十年情

그대를 빙자해 훈지의 노래를 불러서　　　憑君欲唱塤篪曲

조정에서 영재 얻은 걸 먼저 하례하고 싶네.　　　先賀朝廷得俊英

서거정, 『사가집』, 권14, 「이예문李藝文과 함께 절구 한 수를 써
서 함길咸吉 이절도동년李節度同年을 보내다. 예문은 곧 절도의
아우이다.」

송별의 글에 약간의 과장이 없을까마는 서거정의 글에서 유
독 눈길이 가는 곳은 "적선의 붓 밑에는 시가 삼천 수에 이르고,
소범의 가슴속엔 백만 군대가 들었도다"라고 한 구절이다. 서거
정이 바라본 정양공은 흉중에 시 삼천 수를 품은 문인·학사이자
백만 군대를 능히 통솔할 수 있는 시대에 드문 장수였던 것이다.
평소에 정양공으로부터 문자향文字香을 느끼지 않았더라면 어떻
게 이런 표현이 나올 수 있었겠는가.

하지만 정양공은 스스로를 학인으로 여기지 않았다. 문장의
수려함이 웬만한 문신을 능가했지만 오직 군인으로서 주어진 임
무에 충실할 뿐이었다. 그가 학습하고 섭렵했던 경학과 문학의
서적들은 무신으로서 안보보국을 실현하기 위한 자기계발의 중
요한 수단이었다. 문무를 겸전하기 위한 끊임없는 자기계발은

연륜이 더해지면서 하나의 경세관으로 온축되어 갔다. 이처럼 정양공은 무신이었지만 공부를 통해 스스로를 발전시켜 갔고, 여기에 전장에서의 경험, 사행을 통한 국제적 안목이 보태지면서 그의 의견과 주장은 금석과 같은 무게와 신뢰성을 가지게 된다. 1484년 7월 2일 성종이 윤필상·이숙기 등을 특별히 불러 마음씨와 행동거지가 바른 무신을 은밀하게 추천하게 한 것도 그런 믿음 때문이었다. 다음 시대의 국방을 이끌 김계종金繼宗·박암朴巖·조극치曹克治·황형黃衡·전임田霖·이조양李調陽·송걸宋傑 등은 이때 그가 추천한 사람들이었다.

이런 가운데 정양공은 1487년 3월부터 국왕을 보도하고 국정을 논하는 자리인 경연에 참여하게 된다. 본디 경연은 엘리트 문신이 전담하는 자리였지만 정양공은 그 상례를 깨고 특진관特進官 자격으로 참여하는 영광을 누렸다. 국사·국방과 관련된 사안에 대해서는 그보다 더 전문가가 없었기 때문이다. 여기서 그는 군영의 배치, 축성의 여부, 수비에 허술한 변방 장수의 징계 문제 등에 대해 해박한 견해를 제시하며 군국의 기무를 성실히 보좌했다. 학인에 준하는 자기계발이 없었더라면 감히 그가 문턱이 높기로 정평이 난 경연을 출입할 수 있었겠는가.

역대 군왕들이 가장 이상적으로 여긴 신하는 문무를 겸한 인물이었다. 문치주의가 강고하게 자리를 잡아 숭문비무崇文卑武의 사회적 분위기가 무르익은 조선 후기에도 군왕들은 문무겸전의 신하를 목말라했다. 이 점에서 정양공은 우리 역사에 보기 드문 문무를 겸한 충신이자 양신이었고, 그 바탕에는 학인의 품성과 자세가 자리하고 있었다.

(3) 사후 현양론: 걸인에 대한 국가사회적 현창

1489년 정양공은 61세라는 짧지도 길지도 않은 생을 마감했다. 하지만 국초의 국방사에 남겨진 걸인의 자취는 하나의 역사가 되었다. 몸은 가고 없지만 그 정신은 산천에 남아 전하는 법이다. 역사는 항상 뛰어난 망자의 흔적과 가르침을 존중했고, 기림의 행위를 통해 그것에 보답했다. 그 기림에는 공적인 것과 사적인 것이 있다. 전자는 국가 또는 사회에서, 후자는 자손 또는 집안에서 행하는 차이가 있지만, 그 의리는 한 가지이다.

여기서 잠시 정양공이 남긴 자취와 관련된 일화 하나를 소개하기로 한다. 1623년 인조반정이 이루어졌고, 그로부터 2년이 지난 1625년 그 공을 따져 정사공신에 녹훈하고 회맹연을 가졌다. 공신이 회맹을 하면 회맹녹축會盟錄軸과 어축御軸이 만들어지고, 그 안에는 반드시 임금의 회맹제문會盟祭文이 담겨야 한다. 문제는 이 회맹제문에 임금의 이름을 써야 할지 말지를 두고 신료들이 설왕설래했다. 그래도 해답을 얻지 못한 신료들은 전고에 밝은 정양공의 증손 이호민을 찾아가 자문을 구했다. 이때 이호민은 선조 정양공의 적개·좌리공신 녹훈 시의 회맹축을 근거로 '어휘를 쓰되 홍첨紅籤을 부칠 것'을 제안했고 인조가 이것을 수락함으로써 이후로는 이것이 나라의 법이 되었다고 한다. 지금 정양공종가에 남아 있는 좌리공신교서는 사가의 문서이지만 나라에서 중요한 예를 행할 때 참고한 바 있는 참으로 유서 깊은 유물이다.

정양공 이숙기에 대한 추양사업이 본격화된 것은 정조 연간이었다. 그의 관료적 행적을 고려할 때 사망 직후에 시호가 내려지지 못한 것은 분명 국가적 흠결이었고, 그러는 사이 무려 300년의 세월이 흘러버렸다.

영조 후반에서 정조 연간에 접어들면서 상원과 상좌원의 이씨들은 선대 현양을 위해 마음을 단단히 먹은 것 같다. 1771년(영조 47)에는 도동서원道洞書院을 건립하여 충간공 이숭원의 위패를 봉안했고, 1785년에는 조정에 상언上言하여 정양공의 시호를 빨리 내려줄 것을 요청하기도 했다. 온 집안의 간절한 뜻을 담은 독촉 상언은 11세손 이수태李遂泰의 이름으로 올려졌다. 이수태는 18세기 영남의 석학으로 당시 상원마을 이씨들의 대변자적 역할을 했던 이의조의 아들이었다. 이는 '시호요청운동'이 이의조의 주도하에 이루어졌음을 암시하는 대목이다.

사실 상원의 이씨들은 당대의 문장가 우참찬 유최기兪最基에게 시장諡狀을 받아 정확하게 1763년 2월 20일에 이미 봉상시에

정양공 이숙기 시장. 유최기가 지은 정양공의 시장. 1763년 시호 요청을 위해 봉상시에 공식 제출한 원본이다.

이숙기 諡號署經完議. 1788년 사간원에서 이숙기의 시호를 '정양'으로 최종 인준한 문서.

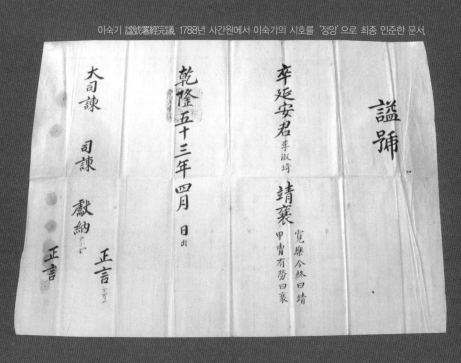

다 정양공의 시호 요청 문서를 접수시켜 둔 상태였다. 그럼에도 20년이 넘도록 시호 행정 진행이 되지 않자 이수태의 이름으로 재촉하는 글을 올렸던 것이다.

　　모든 행정이 다 그렇지만 시호 행정도 절차와 양식이 있었고, 특별한 경우가 아니면 2~3년이 걸리는 것이 관행이었다. 이수태의 독촉 상언이 효력을 발휘한 탓인지 조정에서는 행정을 정상적으로 진행하여 1788년 4월에는 사헌부 · 사간원에서 시호의 적부를 심사하는 단계로까지 진전되었다.

　　이때 봉상시와 홍문관에서 최종 제시한 시호가 '정양靖襄'이었다. '정靖'은 '성품이 너그럽고 의리가 있으며, 선으로 일생을

이숙기 시호교지. 1788년 4월 적개 · 좌리공신 연안군 이숙기에게 '정양'의 시호를 내리는 정조의 교지. 이로부터 두 달 뒤인 6월 24일 원터에서는 정양공의 시호맞이행사가 성대하게 치러졌다.

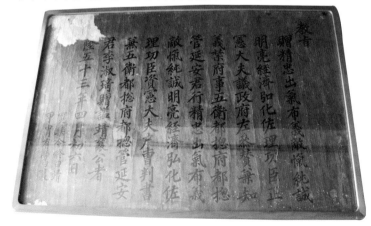

마쳤다'는 뜻이고, '양襄'은 '무신으로서의 공로가 있었다'는 의미였다. 연안군 이숙기의 인간됨과 공적을 이보다 더 적실하게 표현할 말이 있을까 싶다. 사헌부·사간원에서는 일체의 이의 없이 이를 인준하여 통과시켰다. 이에 조정에서는 이숙기를 비롯한 당시의 시호 대상자를 종합 발표했는데, 이조판서 박중림朴仲林, 영의정 이종성李宗城, 판부사 서명응徐命膺, 증병조판서 김덕령金德齡 등 24인이 이름하여 그의 시호 동기생들이었다.

이제 남은 것은 시호를 맞이하는 연시행사였다. 날짜는 1788년 6월 24일이었고, 장소는 지례 상원마을에 소재한 종가였다. 본디 시호는 연시행사를 치러야만 공식 사용할 수 있었다. 따라서 연안군 이숙기가 정양공이란 이름으로 불리기 시작한 공식 날짜는 1788년 6월 24일이 된다.

상원마을 이씨들로서는 집안의 300년 숙원을 이루었으니 그 경사는 어디에도 비할 수 없었다. 모르긴 해도 이날의 연시행사에는 본손은 물론 경향의 외손들까지 대대적으로 참여하여 영광된 자리를 함께했을 것이다. 이로써 상원의 이씨들은 시호를 지닌 집안으로 거듭나게 되었고, 그 여경을 몰아 동년 가을에는 연안군 이숙기를 '정양공 이숙기'라는 이름으로 도동서원에 제향할 수 있었던 것이다.

온 집안과 마을을 들뜨게 한 경사였지만 작은 애틋함도 있었다. 앞서 정양공의 시호를 독촉하는 상언을 올렸던 이수태에 관한 사연이다. 그는 시호가 결정된 것은 알았지만 정작 상원마을에서 시호맞이행사를 하던 그날에는 이미 고인이 되고 없었다. 그가 사망한 날짜가 동년 6월 7일이었으니, 보름만 더 견뎠더라면 벅찬 감동 속에 저승으로 갈 수 있었을 것이라는 아쉬움에 마음이 아련하다.

'연시행사'와 '도동서원 배향'으로 이어지는 일련의 예식은 정양공과 정양공 가문의 위상을 비약적으로 상승시켰고, 그런 만큼 정양공에 대한 후손들의 향념도 더욱 깊어졌다. 이들은 서원 향사를 지성으로 모시는 한편 묘소의 수호와 관리에도 각별한 정성을 쏟았다. 이런 노력은 왕조시대는 물론이고 일제강점기에도 변함없이 지속되었다. 1901년 자손들을 대상으로 관전 명목으로 65냥을 걷어 묘소가 있던 용인에 17마지기를 사들인 것과 1919년에 또 13마지기를 매입하여 묘위답을 확충한 것은 그 단적인 근거가 된다. 이러한 숭조보본崇祖報本의 정신은 지금에까지 면면히 계승되고 있으니 명가의 전통은 그냥 만들어지는 것이 아님을 다시 한 번 깨닫게 된다.

2. 종가 계승 인물의 행적: 훈적에 바탕한 세신의식世臣意識과 문장·외교·학술을 통한 보국

정양공은 세범世範·세칙世則 두 아들을 두었다. 앞에서 언급한 바와 같이 종통을 이은 사람은 차자 세칙이었다. 그는 혈손 봉사하라는 왕의 명으로 가통을 계승하는 한편, 지례 향장鄕庄을 물려받아 정양공 집안의 백세터전으로 조성하여 그 역사가 오늘에 이르게 했다.

정양공이 가통을 작은아들에게 물려준 배경은 자세하지 않지만 큰아들 세범의 무후와 일정한 관련이 있어 보인다. 이세범 (1456~1487)은 아버지 정양공이 무과 중시에 합격하던 해에 태어나, 1480년 문과에 합격하여 사림의 극선인 홍문관수찬을 지냈다. 부전자전이었던지 성품이 과감하고 직절하여 동료들조차 그를 호랑이와 같은 무서운 존재로 경외했다고 한다.

다만 그는 1487년 3월 11일 32세로 단명했고, 아들을 두지 못했다. 이때는 정양공이 사망하기 두 해 전이었다. 큰아들에게 아들이 없음을 우려한 정양공이 차자에게 승중할 것을 명했을 것으로 짐작되는 대목이다. 물론 그는 종형 이형례李亨禮의 둘째 아들 이국주李國柱를 양자로 들여 후사를 이었으나 이국주의 생년이 1487년 12월 16일인 것으로 볼 때, 사후 양자가 분명하다.

비록 이세범은 적개·좌리공신 연안군 이숙기의 종통을 계승하지는 못했지만 자손들은 매우 번창했고, 손자~현손 대에 이르면 사림시대를 빛내는 걸출한 인재들이 그의 문호에서 쏟아지게 된다. 그리고 이들은 주로 서울에 거주하며 포천·양평 일원에 묘역을 조성하여 경화사족으로서의 기반 또한 단단하게 갖추게 된다.

여기서 한 가지 주목할 것은 이국주의 생가 혈통이다. 이숙황의 손자이며 이형례의 작은아들이었던 이국주는 생가로 치면 안동 하회 출신인 류공작柳公綽(1481~1559)의 손아래 처남이 된다. 류공작의 아들이 관찰사를 지낸 류중영柳仲郢이고, 그 아들이 바로 겸암謙庵 류운룡柳雲龍과 서애西厓 류성룡柳成龍이다. 즉 이국주의 아들로서 명종~선조시대의 명사로 활동하는 이우민李友閔·호민好閔 형제와 류성룡은 5촌의 척분을 지니고 있었다. 후일 이호민과 류성룡이 같은 조정에서 벼슬을 살면서 서로를 믿고 의

지하는 긴밀한 관계를 유지한 것도 이런 척분이 있었기 때문이었다.

1) 이우민 · 호민: '목릉성세'의 주역들

이세범의 자손 가운데 맨 먼저 주목할 인물은 큰손자인 수졸재守拙齋 이우민李友閔(1515~1574)이다. 그는 1534년 약관 20세에 사마시에 입격한 수재로서, 1546년에는 문과에 합격하여 한림 · 부제학 등 학술 · 문한직을 두루 거치며 엘리트 관료로 승승장구했다. 뿐만 아니라 중년 이후에는 황해도 · 경상도 · 함경도 등 3도의 감사와 개성유수를 지내면서 백성교화와 민생개선에 주력하여 양신良臣의 모델이 되었다. 또한 그는 조정으로 복위하여 성균관대사성과 예조참의 등의 요직도 수행했다. 대사성은 일국의 문교를 상징하는 사유의 직책이었다는 점에서 그의 학술적 면모를 짐작하게 하며, 언행과 문장이 한 시대의 사표가 되었다는 행장의 표현에 신뢰를 더한다.

'권간權奸의 방해를 받아 그 지위가 그 덕에 미치지 못했다'는 세간의 말처럼 뛰어난 자질을 충분히 실현하지 못한 아쉬움은 있었다. 하지만 원만한 처신과 관료로서의 탁월한 업적은 그와 동시대를 살았던 명사들의 평론을 통해 사림의 미담으로 두고두고 회자되었다.

조선 중기 공교육의 대부였던 모재 김안국金安國은 그를 "넓은 도량과 덕을 지닌 군자'라 평했고, 토정 이지함은 자신의 자녀를 훈계하면서 '너희들은 굳이 아득한 옛사람을 벗할 것이 아니라 모름지기 이공을 본받으면 된다"고 했을 정도였으며, 동악 이안눌은 "명종·선조 두 조정의 인물 중에서는 이공이 가장 으뜸이다"고 칭송해 마지않았다. 조선에서 인재가 가장 많이 배출된 시대가 선조임금 때이고, 이 시기에 대한 예칭으로 '목릉성세穆陵盛世'라는 말이 있다. 그렇다면 이우민은 목릉성세를 빛낸 주역임에 분명했다. 선조 정양공이 무로써 세조~성종의 치세를 빛낸 나라의 든든한 간성이었다면 이우민은 학식과 문장으로서 사림시대를 빛낸 기라성이었던 것이다.

이우민의 관료적 삶의 자취는 아우 이호민李好閔(1553~1634)을 통해 더욱 화려한 빛을 발하게 된다. 이호민은 이우민보다 무려 38세 아래였으므로 나이로 보면 조손간에 가까울 정도였다. 사림의 모범이었던 이우민의 언행은 하나의 준칙이 되어 아우 호민에게 전수되었고, 그것은 가학의 전수 과정이기도 했다. 하지만 이우민은 아우의 대성을 보지는 못했다. 이호민은 1579년에 치러진 진사시에 장원했지만 이때는 백형이 사망한 지 이미 5년이나 지난 뒤였기 때문이다. 이후 이호민은 1584년 문과에 합격했고 문신이라면 누구나 선망했던 한림의 직무를 수행했으며, 호당에 선발되어 사가독서의 특전을 누렸다. 나라에서는 그를 보기

이호민 호성공신도상(문화재청)

드문 인재로 지목하고 정성을 들여 육성하고 있었고, 개인적으로
는 엘리트 문신으로서 출세의 로열코스를 달렸던 것이다. 정양
공이 세조~성종시대 '안보보국安保報國'의 주역이었다면 그는 차
세대 '문장보국文章報國'의 기수로서 촉망을 받았던 것이다.

　그의 진가는 나라가 가장 어려울 때 발휘되었다. 1592년 임
진왜란이 일어났을 때는 선조를 의주로 호종하여 종묘와 사직의
보위에 힘썼고, 요양으로 가서 명나라의 원군을 불러들이는 데에

도 크게 기여했다.

무엇보다 1595년부터는 부제학으로서 명나라와의 외교문서를 전담하다시피 했다. 간결하면서도 미려했던 그의 문장은 조선의 국격이 되었으니, 나라에서 인재를 육성한 보람이 드러나는 순간이었다. 뛰어난 문장에 원만한 성품과 준수한 외모까지 겸했던 그는 사신으로서도 최적임자였다. 그리하여 1599년에는 사은사로서 명나라를 다녀옴으로써 국제적 식견과 안목까지 갖추게 되었다.

한편 그는 1601년 예조판서로서 인성왕후仁聖王后의 지문을 짓는가 하면 양관 대제학, 즉 문형文衡에 올라 일국의 문한을 주재하게 된다. '열 정승 부럽지 않다'는 그 대제학이 정양공 집안에서 탄생한 것이다. 아울러 1604년에는 임란 때 선조를 호종한 공로를 인정받아 호성공신扈聖功臣 2등에 녹훈되어 연릉부원군延陵府院君에 봉해졌다.

정양공이 갑주로서 나라의 보루가 되었다면 그는 문필로서 나라를 지키고 집안을 빛냈던 것이다. 두 조손은 그 길은 서로 달랐지만 그 역할은 너무도 흡사했다. 이것이 바로 무로 빚고 문으로 다듬은 일가의 전통과 가풍이 아니고 무엇이겠는가. 1788년 두 조손이 도동서원에 함께 배향된 것 또한 결코 우연이 아닌 것이다.

이호민은 탁월한 재능과 국리민복에 미친 기여를 통해 복록

이호민의 『五峯集』

이 융숭하였지만 분수를 아는 사람이었다. 그는 청빈의 가풍을 몸소 실천했고, 자손들에게도 항상 이런 정신을 강조해 왔다. 1600년 명나라에 사신으로 갈 때 아들 이경엄李景嚴을 훈계하기 위해 지은 시에 이런 구절이 있다.

우리 집은 본디 청렴하고 검소했으니	吾家自清素
헌 솜으로 지은 도포나마 부끄러워하겠는가.	縕袍寧人羞

이호민, 『오봉집』, 권6, 「경엄景嚴에게」

지위가 재상의 반열에 올라 그 두터운 복록이 남부러울 것이 없었지만 그는 청빈의 가풍을 이토록 철저하게 지켜 나갔고, 선영이 있던 양주 건천리乾川里에 동계洞契를 조직하여 선조의 유덕을 되새기며 상부상조의 전통을 이어 가기 위해 애를 썼다. 그 내면이 산처럼 우뚝하고 바다처럼 넓은 명가의 전통은 바로 이런 것이리라.

1634년 그가 천수를 누리고 82세로 사망하자 『인조실록』의 편찬자는 그의 인물과 치적을 아래와 같이 평했다.

이호민은 호가 오봉五峯이다. 영특하고 총명하였으며 문장을 잘 지었다. 과거에 급제할 때는 선조가 그 재능을 칭찬하였다. 이윽고 뽑혀서 독서당에 들어갔다. 임진년에는 임금을 호종하여 의주에 갔으며, 당시 자문咨文·주문奏文 등 외교문서의 대다수를 그가 지었다. 이 일로 선조가 더욱 가상하게 여겼다. 환도하여 호성공신扈聖功臣에 녹훈되었고, 청요직을 두루 거쳐 마침내 문형文衡을 주관하였다. 광해조에 이르러 유언비어에 연루되어 거의 화를 면치 못할 지경에 빠졌지만 도성 남쪽에 은거하면서 시와 술로 생활을 즐겼다.(『인조실록』, 1634년 윤8월 28일)

한 시대를 풍미했던 태학사太學士의 죽음은 그와 동시대를 살았던 사람들에게는 슬픔을 안겨 주었지만 후진들에게는 하나의 본보기가 되어 무한한 추모의 정을 남겼다. 대제학을 지낸 이명한李明漢이 신도비명을 짓자 선조의 사위였던 동양위東陽尉 신익성申翊聖이 기꺼이 전액篆額 글씨를 써 주었다. 창석蒼石 이준李埈은 묘지명을 지어 먼저 간 벗의 삶을 기렸고, 『지봉유설芝峯類說』의 저자 이수광李睟光의 아들 이민구李敏求는 시장諡狀을 지으면서 조선의 관계에 남긴 그의 자취를 도도한 필치로 그려 냈다. 무엇보다 대동법의 창시자로서 조선이 낳은 최고의 경제전문가로 일컬어지는 김육金堉은 자신의 역작 『해동명신록海東名臣錄』에서 이호민을 매우 이례적으로 자세하게 다루었다. 이로써 이호민은 당파와 학파를 초월하여 명신이자 선조시대를 상징하는 우뚝한 봉우리가 되어 역사에 길이 남았다.

2) 이산뢰: 미수학의 수용과 서단書壇의 귀재

이세범의 자손들은 국가운명 및 민생에 도움이 되는 관료의 길을 택해 정양공 이래의 사환 전통을 크게 확충했다. 이런 면모는 이세범에서 증손에 이르는 4대 동안 무려 7명의 문과 합격자를 배출한 것을 통해 충분히 확인할 수 있다. 이세범을 비롯하여 손자 이우민·호민, 증손 이경엄李景嚴·경현景賢·경인景仁·경의景義가 바로 그 영광의 주인공들이다.

그러나 이세범의 현손 대에 접어들면서 가풍에 있어 약간의 변화가 수반되었다. 그것은 사환가문으로서의 기존의 전통 위에 학문과 예술의 요소를 더하는 경향으로 발전하였는데, 이러한 흐름을 주도한 사람은 이산뢰李山賚였다. 이산뢰는 이상민李尙閔의 손자였으므로 이호민에게는 종손자가 된다. 아버지 이경현이 숙부 이호민에게 배웠으므로 학통상 오봉학맥의 계승자였다.

1603년생인 이산뢰는 자가 중이重而, 호는 화천華泉이다. 어려서부터 문예에 탁월한 재능이 있었던 그는 아우 해뢰海賚와 함께 허목의 문하에서 수학하여 남인학문의 정통을 계승했다. '오봉학五峯學'과 '미수학眉叟學'의 절충은 그가 17세기 중반 근기남인을 대표하는 학인으로 성장하는 바탕이 되었다.

이산뢰는 음직으로 출사하여 호조정랑, 진위현령, 면천군수, 순창군수, 삭녕군수 등의 관직을 지냈고, 문예적 소양을 바탕으로 학파·당파를 초월하는 사귐을 가졌다. 그가 속한 동갑계의 계원 중에는 동부승지 남노성南老星, 대사간 강백년姜栢年, 강원감사 홍명일洪命一 등 서인·남인의 명사들이 많았다. 그가 순창군수로 부임할 때 이민구李敏求·강백년姜栢年 등이 송별의 글을 보내온 것도 이런 맥락에서 이해할 필요가 있다.

이산뢰는 풍류를 아는 지식인이자 문화인이었던 것 같다. 고을살이를 나가면 풍광이 좋은 곳에 문화공간을 건립하여 선비들의 교유 및 휴양처로 삼았다. 삭녕의 우화정羽化亭, 순창의 관덕

학봉 김성일 신도비명. 정경세 짓고, 이산뢰 씀

정觀德亭이 바로 그런 곳이었다. 우화정을 건립했을 때는 스승 허목許穆을 초청하여 유람을 알선했는데, 당시의 감회는 허목의 유람기에 적혀 지금도 전하고 있다. 그리고 관덕정을 낙성했을 때는 대문장가 백헌白軒 이경석李景奭이 몸소 기문을 지어 정자가 교화의 본산으로 기능하기를 기원해 주었다.

무엇보다 이산뢰는 글씨에 뛰어난 사람, 말 그대로 명필이었다. 사대부들이 누정을 지으면 그의 편액글씨를 받기 위해 조바심을 냈고, 비를 세워 선대의 행덕을 기리고자 하는 이들도 하나같이 그를 찾아와 글씨를 부탁했다. 또한 그의 글씨는 조정에서도 인정하는 명품이었기에 사액 서원의 편액을 쓰는 일도 잦았다. 이황과 함께 철학논변을 펼친 기대승奇大升의 제향처 월봉서원月峯書院의 편액이 바로 그의 글씨이다.

이 외에 누정 및 재사의 편액으로는 자신이 건립한 관덕정觀德亭, 한강문인 이언영李彦英의 정자인 낙빈정洛濱亭, 개성고씨의 재사인 퇴산재退山齋 등이 있고, 역대 명사들의 비문으로는 종숙부 '이경엄신도비李景嚴神道碑', '학봉김성일신도비鶴峯金誠一神道碑', '임호묘갈林湖墓碣', '신중엄신도비申仲淹神道碑', 이호민의 사위로 자신에게는 종고모부가 되는 '강환묘갈姜瓛墓碣' 등이 있다.

3) 이의조: 경호에 서린 예학의 향기

무로 빚고 문으로 다듬은 충효와 청덕의 명가는 경호鏡湖 이의조李宜朝(1727~1805)라는 학인을 통해 예향禮香 가득한 학자의 집안으로 그 면모를 새롭게 하게 된다. 종손 계통인 이홍적李弘績·의권宜權 부자가 집안의 사회적 중흥의 초석을 다졌다면 이돈李墩→이기하李基夏→이윤적李胤績→이의조李宜朝로 이어지는 이정복의 작은손자 계통은 집안의 학술문화적 인프라를 다져 나갔던 것이다.

이의조는 선비로서의 행의나 학인으로서의 학문 모두 거울과 호수처럼 맑은 사람이었다. 왠지 그에게서는 광풍제월光風霽月

의 풍모가 느껴진다. 그는 학자이기 이전에 효자였고, 그의 학업은 시골 선비의 '책상머리공부'가 아니라 세상을 품고 계도하는 '학문'이었다.

그는 상원마을 이씨 중에서도 공부하는 집안의 자제로 태어났다. 증조부 이돈李墩(1628~1702)은 유가의 여러 경전 중에서도 『대학』에 박통한 선비로 정평이 있었고, 아버지 이윤적(1703~1756)은 서울권으로 유학한, 당시로서는 개명한 학자였다. 그가 학문의 깊이를 더하고 외연을 넓히기 위해 찾은 사람은 18세기 낙론학파洛論學派의 거장으로 예학에 밝은 도암陶庵 이재李縡였다. 당시 이재는 용인의 한천정사寒泉精舍에서 천하의 준재들을 모아 경학·예학 등 주자학과 노론의 의리학義理學을 강의하고 있었다. 평소 예학에 관심이 깊었던 이윤적은 예학의 대가로 『가례집람家禮輯覽』의 저자였던 이재의 지도를 받아 자신의 학문을 완성해 갔는데, 그 위대한 자취가 바로 『가례증해家禮增解』였다. 이 저술은 자신의 당대에는 완성을 보지 못하고 아들 이의조에게 대물림되었지만, 이를 통해 그는 조선의 지식인 사회에 당당하게 명함을 내밀 수 있는 학자가 되었다. 세상 사람들은 그를 '숭례처사崇禮處士'로 기억했다. 이로써 서울 선비들도 경상도 지례 땅 상원이라는 선비마을이 있음을 알게 되었고, 이재의 손자 이채李采가 할아버지의 제자 마을을 찾은 것은 이윤적에 대한 감명이 깊었기 때문일 것이다. 이재와 이윤적의 사제 관계가 이채를 상원마을로 불러들였고, 이때 그가 지은 시가 액자가 되어 방초정에 걸렸을 때 두 집안은 학문적 일가가 되었다.

이의조는 바로 이런 집안에서 이런 아버지의 모습을 보고 자랐기에 삶 자체가 학문이었다. 이의조는 어려서부터 아버지에게서 수학하여 발군의 재능을 보였다. 공부가 깊어질수록 인격도 더욱 완성되었기에 사람들은 그를 애중히 여기지 않을 수 없었다.

그도 한때는 과거공부에 눈길을 돌린 적이 있었다. 조부의 상을 당해 온 집안이 슬픔에 잠겨 있을 무렵 마침 지례를 찾은 성이홍成爾鴻이라는 학자의 강의를 들은 것이 그 계기가 되었다. 상주 출신의 성이홍은 당시 영남지역 노론을 대표하는 학자의 한 사람이었고, 송준길宋浚吉의 주향처인 상주 흥암서원興巖書院의 실질적 운영 주체이기도 했던 거물이었다. 그의 해박한 강의는 소년 이의조를 매료시켰던 것 같다. 이에 그는 잠시나마 제자백가를 섭렵하여 세상에 나아갈 뜻을 가지기도 했지만 금세 과거를 단념하고 학자 본연의 자세로 돌아왔다.

나이 26세 되던 1752년, 이의조는 학문적 유람을 떠났다. 젊은 날의 이윤적이 학문적 목마름으로 용인의 한천정사를 찾은 것을 연상케 하는 장면이었다. 이때 그가 찾은 곳은 조선 지식문화의 중심지였던 호서 땅 회덕이었다. 그곳에 송능상宋能相이라는 큰 학자가 있어 배움을 청하기 위해서였다. 송능상은 호서학계를 대표하는 학자로 17세기 기호학파의 영수 송시열의 증손이었다. 학문으로 보나 집안으로 보나 이의조가 스승으로 삼을 만한 인물이었다. 그의 호서유학은 참으로 값진 여정이었다. 송능상 뿐만 아니라 윤봉구尹鳳九·송명흠宋明欽 등 당대의 석학들을 죄다 만나 보고 가르침을 받을 수 있었기 때문이다. 이 과정에서 윤봉구로부터 예학禮學을, 송능상으로부터 성리性理의 오묘함과 학문하는 바른길을 배웠다. 이후 이의조는 송능상의 격려와 지도 속에 대유로 성장해 나갔고, 이런 제자를 보면서 스승은 크게 만족해했다.

이의조는 운평문하에서 주관하는 학술적인 모임은 반드시 참여했고, 이 과정에서 송덕수와 같은 석학들과 성리·예학 등에 관한 난상토론을 벌이며 학문을 심화시켜 갔다. 어느 날 송능상은 이의조와 송덕수가 '태극도'를 주제로 열띤 토론을 펼치고 남긴 기록을 보고는 그 감회를 이렇게 말했다.

> 호남의 수재와 영남의 수재가 깊은 산골짜기에 함께 모여 서로 더불어 강론하고 토론하면서 이런 기록을 남겼으니 이는 참으로 우연한 일이 아니다.(송환기, 『성담집』, 권29, 「鏡湖李公行狀」)

이제 이의조는 석학이 인정하는 '영남수재嶺南秀才'가 되었고, 두 사람 사이의 은의恩義도 사제를 넘어 부자에 가까워졌다.

아버지 이윤적이 그에게 '의조'라는 이름을 주었다면, 송능상은 그에게 '명성재明誠齋'라는 학자적 이름을 친필로 써서 내려 주었던 것이다. 1756년 이의조가 부친상을 당했을 때 먹을 보내온 것은 그런 살가운 마음의 징표였다. 그 먹은 송능상의 조부 송은석의 친필 명문이 새겨진 것이었으니, 송능상에게 있어 이의조는 가족에 다름 아니었다.

한편 이의조는 친상을 마치기가 무섭게 사문의 상을 당했고, 꼬박 1년 동안 상주노릇을 하며 어버이처럼 보살피며 격려해 준 높고 깊은 학은에 답했다. 이처럼 이의조는 '군사부일체君師父一體'라는 자기시대의 윤리를 치열하게 실천했다.

나이 서른을 넘기면서 이의조의 학문은 더욱 깊어졌고, 그만큼 교유의 폭도 넓어졌다. 그가 찾고 싶은 사람도 많았지만 그를 만나고 싶어하는 사람도 점차 늘어갔다. 1761년에는 달성에 살고 있던 권진응權震應을 찾아가 학문을 묻고 토론했다. 권진응이 누구던가? 이이李珥→김장생金長生→김집金集→송시열宋時烈로 이어지는 기호학의 도도한 학문적 물줄기를 계승한 한수재 권상하의 증손이었다. 그런 그가 이의조의 사람됨과 학문을 며칠 동안 지켜본 뒤에 이런 말을 했다.

지금 우리 학계의 선비들은 저마다 문호를 세워 늘 서로를 배척한 탓에 불행함이 큰데, 그대와 같이 고명한 사람이 있어 바

른 학문을 얻게 되었으니, 이것이 우리의 도를 지키는 일이
다.(송환기, 『성담집』, 권29, 「鏡湖李公行狀」)

지금 권진응은 단순히 재능이 아니라 학자적 인격과 리더십
이라는 고차원적인 말을 하고 있다. 35세에 불과한 이의조에게
서로 갈등하고 반목하던 기호학파의 조정자적 역할을 기대하고
있었던 것이다.

이는 그에게 배움이 아닌 가르침의 시기가 도래했음을 뜻했
고, 이에 그는 1771년 경호서사를 지어 강학에 들어갔다. 마을의
집안사람은 물론 배움을 청하는 근동近洞 수재들의 행렬이 이어
졌고, 초하루와 보름에 열리는 강학의 규식을 엄정하게 정했을
때 학문의 열기는 뜨겁게 달구어졌다. 이제 그는 지역의 학문을
책임지는 스승이 된 것이다.

세상은 배움이 넉넉한 자를 그냥 내버려 두지 않는다. 1775
년 참판 류의양柳義養은 경호서사鏡湖書社에 들러 이의조를 만났
다. 그런 다음 조정에 올리는 문서를 기초했다. 이름하여 '이의
조추천서'였다. 효도孝道·우애友愛·율신律身·예학禮學 등 인간
성과 학자성을 모두 갖춘 선사라는 것이 추천의 사유였다. 영조
가 흔쾌히 동의했지만 그는 일거에 사양했다. 1779년에는 영남
어사 황승원黃昇源이 같은 이유로 천거하여 동년 12월에는 공릉
참봉恭陵參奉에 임명되었지만 또 사양했다. 허명에 빠지면 학자의

본분을 망친다는 것이 그 이유였다. 조그마한 지식과 재능만 있어도 권세가를 찾아가 벼슬을 구걸하는 것이 세태였건만 이의조는 태산 같은 무거움으로 자신의 길을 갈 뿐이었다.

세월은 다시 흘러 정조 치세의 말년인 1800년이 되었다. 조정에서는 원자元子 책봉을 기념하여 이의조에게 통정대부의 품계와 오위장五衛將의 직첩을 내렸다. 오위장은 실직이 아니거니와 군명을 연거푸 물리치는 것도 신하된 도리가 아니라는 생각에서 하는 수 없이 수락했다. 이해 그는 원행에 올라 단성·신안에 가서 주자의 영당을 참배했고, 통영에 가서는 충무공忠武公 이순신李舜臣의 사당을 찾아 엄숙한 마음으로 향을 피웠으며, 거제 청해루淸海樓에 올라서는 광활한 바다를 바라보며 심신을 정화하는 기회를 얻기도 했다.

이런 가운데 그도 이제는 일흔을 훌쩍 넘긴 노유로서 학계의 존경을 받는 명사가 되었지만 50년 세월 동안 해결하지 못한 숙제로 인해 마음 한 켠이 늘 무거웠다. 바로 스승 송능상의 현양사업 때문이었다. 더 이상 미룰 수 없었던 그는 마침내 1805년 정월 송능상의 포증을 청하는 글을 올려 현양사업에 박차를 가하다 병을 얻어 동월 17일 사곡정사社谷精舍에서 향년 79세로 생을 마감하였다. 사람은 떠났지만 글은 남아 묵향墨香을 발했으니 부자 공저인 『가례증해家禮增解』를 비롯하여 『의요보유義要補遺』·『경의수차經義隨箚』가 바로 그것이다.

3. 정양공종가의 삶과 문화

1) 고문서를 통해 본 정양공종가의 삶

(1) 종가의 '제일의무第一義務': 종통의 계승

정양공종가는 파조 이숙기에서 현 종손 이철응李哲應까지 18세를 내려오는 동안 세 차례의 출계·입양이 이루어졌다. 11세손 이수천李遂天, 15세손 이현기李鉉琪, 18세손 이철응이 양자로서 종통을 이은 경우이다. 조선시대에는 양자를 들일 때 여러 가지 제도적 절차를 거쳐야 했는데, 그 절차와 양식이 고문서의 형태로 가장 잘 남아 있는 것이 이의권이 조카 이수천을 양자로 들일 때의 일이다.

때는 1752년(영조 28)으로 거슬러 올라간다. 54세가 되도록 아들을 두지 못했던 이의권은 이제 법적 절차를 통해 조카의 입양을 서둘렀다. 그냥 사대부라도 아들이 없으면 걱정이 태산 같은 법인데 공신 집안의 종손이라면 더할 나위가 없었다.

사실 이의권은 이미 40세 무렵에 후사를 두기 어렵다고 판단했던 것 같다. 그러던 차 1738년 섣달에 막내아우 이의백李宜白이 아들을 낳자 강보에 싼 채로 데리고 와서 양육하기 시작했던 것이다. 굳이 막내 이의백의 아들을 택한 것은 바로 밑의 아우 이형춘李馨春 또한 아들을 두지 못했기 때문이다. 그리하여 11세 아래의 막내가 아들을 낳기만을 애타게 기다린 셈이었다.

1752년에 와서야 입양 절차를 챙긴 것은 입양한 조카가 관례를 치를 나이인 15세가 되었기 때문이었다. 그러나 이때까지만 해도 족보상으로 이수천李遂天으로 알고 있는 이의권의 양자의 이름은 갑손甲孫이었다. 얼마나 귀한 자손이었으면 이름을 이렇게까지 지었을까 싶다.

예나 지금이나 양자는 나라의 허락을 받아야 들일 수 있다. 조선시대의 경우는 본처와 소실 모두에게 아들이 없어야 양자를 들일 수 있었고, 친부모의 동의도 필수적이었다. 1752년 정월 초8일 이의백은 큰형 이의권 앞으로 한 장의 문서를 써 주었다. 일종의 '양자동의서'였다. 정양공 집안의 대종손인 백형이 아들을

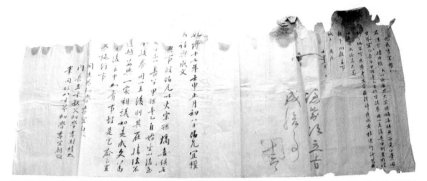

이의백 허여성문. 1752년 이의백이 백형 이의권에게 써 준 양자동의서. 이의백은 자신의 아들 갑손을 백형에게 출계시켜 종통을 잇게 했다. 갑손은 수천의 아명이다.

두지 못해 자신의 아들 갑손을 갓난아기 때부터 수양하여 왔고, 이제 법적 절차를 거쳐 입양하는 것에 동의한다는 내용이었다. 문서의 효력을 입증하기 위해 작은아버지 이봉적李封績은 문장門長 자격으로 보증을 서 주었고, 두 형제의 8촌 아우로서 학자적 신망이 높았던 이의조李宜朝가 직접 문서를 작성해 주었다.

이로써 집안의 상의 절차를 모두 끝낸 이의권이 지례현감에게 입양 절차의 진행을 요청하는 민원서류를 제출하자마자 관련 서류들이 입양행정 주무 부서인 예조로 이관되었다. 이때 이의백은 입양에 동의한다는 취지의 확인서까지 예조에 추가로 제출하면서 신속한 처리를 촉구했다.

이로부터 약 한 달이 지난 1752년 2월 예조로부터 한 통의 공문이 하달되었다. 이갑손을 이의권의 양자로 인준하는 내용의

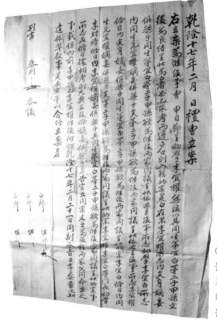

예조입안. 1752년 이의권이 조카 갑손을 양자로 들인 다음 입양 사실을 예조로부터 인준을 받은 문서. 조선의 사대부들은 양자를 들일 때 예조의 입안을 받아야 효력이 발생하였다.

입안, 즉 확인서였다. 요청서를 올린 지 채 한 달이 되지 않아 확인서를 발급받았으니, 왕조 시절의 행정치고 너무도 신속하여 놀랍기만 하다.

　예조에서 이 문서를 재빨리 처리해 준 것은 그 사안이 적개·좌리공신 집안과 관련되어 있었기 때문이다.

　공신은 왕조에서 특별 관리하던 대상이었다. 오죽하면 공신 전담 기구로서 지금의 국가보훈처에 해당하는 충훈부忠勳府를 두었겠는가. 왕과 왕실에 있어 공신과 그 후손은 영원한 동반자였다. 때문에 공신은 가난해서도 안 되고, 못나서도 안 되며, 후사가 끊어져서도 안 되는 귀한 존재들이었다. 이런 특수성으로 인해 그 행정이 놀라울 만큼 신속했던 것이다.

제 아들 아깝지 않은 부모가 어디 있겠는가? 아무리 종법질서를 강조했던 조선사회라고는 하지만 이의백의 마음 씀씀이 또한 눈여겨볼 만하다. 형을 위해, 아니 종가를 위해 강보에 싸인 아들을 기꺼이 바치는 마음 말이다. 어찌 보면 이렇게까지 해야하는가 싶은 마음이 들 수도 있지만 바로 이런 마음이 있었기에 양반문화가 존재할 수 있었고, 지금 우리가 또 정양공종가를 얘기할 수 있는 것이다.

(2) 분재기에 실은 숭조의 마음

1748년(영조 24) 6월 12일 이홍적은 아우 봉적을 불러 자신의 큰아들 희춘希春(宜權의 초명)에게 토지와 노비를 내리는 상속문서를 작성하게 했다. 71세의 고령에다 병세까지 악화되어 운신조차 버거운 형편이라 아우로 하여금 자신의 구술을 받아 적게 하기 위함이었다.

이에 따르면, 이 무렵 정양공종가는 이런저런 사정으로 가산이 크게 줄어들었던 것 같다. 1745년부터 1746년까지 두 해에 걸친 흉년에 크게 멍이 들었고, 설상가상으로 상화喪禍까지 겹쳐 형

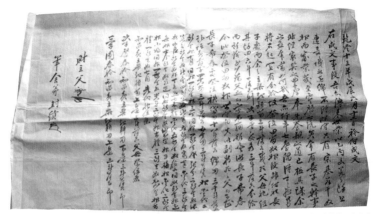

이홍적 분재기. 1748년 6월 이홍적이 아들 희춘에게 토지와 노비를 상속하는 문서. 희춘은 의권의 초명이다.

편이 더욱 나빠졌던 것이다.

　이런 와중에도 이홍적이 가장 걱정했던 것은 조상 제사였다. 이는 '봉제사'라는 의무감으로부터 결코 자유로울 수 없었던 종손의 운명을 반영한다. 구술의 행간에는 자신은 비록 세업世業을 잘 지키지 못했지만 아들 희춘이 남은 가산이라도 잘 관리하여 조상을 받들고 부모를 봉양하는 데 소홀함이 없었으면 하는 간절한 바람이 담겨 있었다.

　이 분재기를 작성할 당시 이홍적이 가진 재산은 논 6마지기, 밭 57마지기, 노비가 약 20구였다. 이 가운데 밭 51마지기와 논 3마지기를 합해 전답 54마지기와 노비 약 20구를 선대 제사 몫으로, 논 3마지기를 자신의 내외 제사 몫으로 설정하여 장자 희춘에게 상속했다. 둘째 아들 형춘과 막내아들 유춘圍春(宜白의 초명)에게 주어진 몫은 각기 고작 밭 3마지기뿐이었다. 이렇게 불공평한 상속이 어디 있을까 싶지만 이것이 종가 사람들의 삶이었고, 또 그것을 기꺼이 받아들인 것이 종갓집 작은아들들의 미덕이었다.

큰집, 즉 종가는 조상을 받드는 집이고, 조상이 없는 가문은 존재할 수 없다는 것이 그들의 관념이자 상식이었기에 제사 몫으로 큰아들에게 재산을 몰아주는 것에 전혀 이견이 없었던 것이다. 적어도 조선 후기에는 다 그렇게 살았다.

얼마 전까지만 해도 지손들이 종가에 가서 약간의 심부름을 하고 밥을 얻어먹는 것은 반가의 문화였다. 이런 문화는 어디에서 오는가? 그것이 비록 선대 제사를 명분으로 했을지라도 큰집에서 절대적으로 많은 재산을 가졌으므로, 큰집은 지손들에 대한 포괄적 부양 의무를 가질 수밖에 없었던 데에서 연유하는 것이다. 인간사의 대부분은 그럴 만한 연관성 속에서 짜이고 또 운행되는 것이다.

(3) 이의권의 가산 경영과 그 노하우

봉제사와 접빈객을 위한 가산의 효율적 관리와 확충을 강조한 아버지의 당부 때문이었을까. 이의권은 학문과 교유 등 선비 본연의 임무에 충실을 기하는 가운데 종가의 경제적 기반을 강화

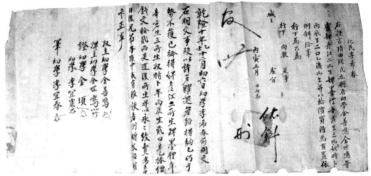

이의권 노비매매문서. 1745년 이의권이 김선명이라는 선비로부터 전문 12냥을 주고 노비 2구를 사들이는 문서. 이후에도 이의권은 다양한 사람들로부터 토지와 노비를 매입하여 종가의 경제적 기반을 확충해 나갔다.

하는 데에도 소홀하지 않았다. 정양공종가에 소장된 명문 즉 매매계약서에 따르면, 이의권은 1745년에 김선명이라는 선비로부터 전문錢文 12냥을 주고 노비 2구를 사들였고, 이듬해인 1746년에는 통정대부의 품계를 지닌 박중선으로부터 상당한 규모의 전답을 또 사들였으며, 1751년에는 전문 10냥을 주고 춘금이란 계집종도 사들였다.

가산의 확충을 위한 노력은 이후에도 계속되어 1758년에는 전문 3냥을 주고 18세 된 계집종 분례를 사들이기도 했다. 이처럼 왕성하게 매입활동을 할 수 있었던 것은 1740년대에 접어들면서 크게 신장된 이의권의 사회적 입지가 경제적 기반의 확대를 수반했던 것 같고, 1755년 이후에는 국가로부터 녹봉을 받는 관

이의권 충좌위부호군 교지. 1755년. 우측 하단에 첨부된 녹봉표에 따르면, 이의권은 이듬해인 1756년 1~3월분 녹봉으로 쌀 1석 3두, 콩 11두를 지급받았다. 이 고정급이 가정경영에 크게 도움이 되었음은 두말할 나위가 없다.

료가 됨으로써 생활에 여유가 생겼기 때문이었을 것이다.

이의권은 어느 정도의 급여를 받았을까? 정양공종가에는 이의권이 1755년부터 1765년까지 10년 동안 수령한 녹봉의 명세서가 남아 있어 그 규모를 살펴볼 수 있다. 본디 녹봉은 품계에 기준하여 지급했고, 선지급이 원칙이었다. 이의권은 가선대부嘉善大夫였으므로 제4과에 해당했고, 법전에 따른 지급량은 쌀 1석石 11두斗, 콩 1석 5두였다. 그런데 무슨 이유에서인지 1755년 가선대부 행충좌위부호군 재직 시에 받은 녹봉표에는 쌀이 1석 3두,

콩이 11두였다. 많고 적음을 떠나 고정급을 받는다는 것 자체가 중요했고, 이것이 그의 살림살이를 보다 풍요롭게 한 것은 분명했다. 전답과 토지에 대한 구매력도 이런 여건 위에서 증대되어 갔던 것이다.

여기서 잠시 이의권의 재산 규모에 관심을 돌려보기로 하자. 당시의 재산은 토지와 노비가 중심을 이룬다. 토지의 경우는 상속 및 매매문서가 잘 간직되어 있어야 가늠할 수 있는 반면, 노비 규모는 호적류를 통해 구체적 규모를 파악할 수 있다. 1757년 호적등본에 따르면, 당시 이의권이 소유한 노비는 30여 구였다. 이보다 한 해 전인 1756년 아우 의백이 보유한 노비가 총 5구에 불과했음을 고려할 때, 이의권의 재산 규모가 얼마나 컸는가를 잘 알 수 있다.

재산 규모와 관련하여 한 가지 흥미로운 것은 이의권의 아들 이수천의 1789년 호적에는 노비가 28구, 1813년 호적에는 21구가 등재되어 있다는 것이다. 시기가 지날수록 노비의 수가 줄어들고 있다. 노비의 감소 현상은 이 시대의 일반적인 추세임을 고려하더라도 이의권과 그 아들 이수천 대의 노비 보유량이 차이를 보이는 까닭은 어디에 있는가? 그 해답은 재산과 벼슬과의 함수 관계에 있다는 통설에서 찾아야 할 것이다.

(4) 효자행정에 얽힌 정양공 집안사람들의 여유와 염치

정양공 집안은 효우孝友와 청덕淸德을 강조하며 삼강三綱의 실현에 철저했던 가풍에 부끄럽지 않게 효자와 절부가 많았다. 우리는 효자·절부를 쉽게 말하지만 효열의 가치는 치열한 자기 희생이 수반되지 않고서는 결코 실현할 수 없다. 더욱 중요한 것은 그것을 인정한 국가적 시스템이다. 조선왕조처럼 삼강을 강조한 국가라면 그것의 모범적 실천자를 나라에서 발굴하여 장려하는 행정을 펼쳐야 하는 것이 상식이다. 하지만 실상은 그렇지 못했다. 효자·열부의 자손들이 그 행적을 적은 문서를 첨부하여 목이 메도록 호소해도 좀처럼 인정받기 어려웠기 때문이다.

정양공 집안사람들은 모두가 효자·절부의 정신을 갖고 있었다. 자라면서 보고 듣는 것이 모두 그런 것이었기 때문에 자연스럽게 체화할 수 있었다. 개인에 따라 정도에 차이가 있을 뿐이었다. 정양공종가 소장 고문서에 의하면, 상원의 이씨들 가운데 나라님에게 보고해도 손색이 없는 특별한 효자가 몇 있었다. 이홍적李弘績·이윤적李胤績·이수천李遂天·이병찬李秉瓚이 바로 그 주인공이다. 이 가운데 이윤적을 제외하면 모두 종손들이었으니, 삼강의 실현에 있어서도 종가가 모범이 되었음을 짐작할 수 있는 대목이다.

이홍적의 효자론이 대두된 것은 그가 사망한 지 2년째 되던

1750년이었고, 재종제인 이윤적과 함께 거론되었다. 이 두 효자의 행의를 드러내며 포증을 요청한 사람은 후손이 아닌 지례의 선비들이었다. 이에 대해 지례현감은 의견을 접수하겠다는 상투적인 대답만 남겼을 뿐 별다른 진전이 없었다. 이로부터 7년이 지난 1757년 이번에는 후손들까지 합세하여 호소하였으나 이번에도 수령은 번거롭게 하지 말라는 답을 내렸다. 효자행정이라는 것이 원래 이렇기는 하지만 관의 태도는 상투적이다 못해 무성의하기까지 했다.

이런 과정을 거치면서 이홍적·이윤적 효자론이 사실상 무산되자 정양공 집안사람들은 1827년 이수천의 효자론을 전격적으로 추진했다. 이때 지례현감에게 올린 민원서에는 지례는 물론 상주·함창·선산·거창·김산·성주·안의·진주·단성의 선비들까지 대대적으로 연명했다. '이수천효자론'이 도론道論으로 확대되었음을 뜻했다. 하지만 지례현감은 '사림의 공의를 믿는다'고 했을 뿐 그 어떤 후속 조처도 취하지 않았다.

이런 흐름 속에서 1884년에는 이병찬의 효자론이 다시금 추진되었고, 현감으로부터 "효행이 탁월하여 흠탄을 금치 못하겠다. 해를 기다려 조정에 보고하겠다"는 대답이 내려왔다. 참으로 고무적인 답변이었고, 온 집안사람들이 흥분할 만했지만 이 또한 더 이상 진전되지 않았다. 결국 전후 130여 년에 걸쳐 4인을 대상으로 추진되었던 효자론은 모두 수포로 돌아갔다.

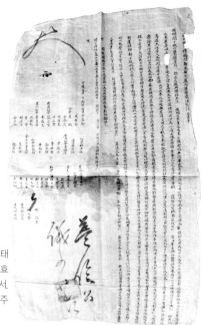

권용호 등 상서. 1827년 권용호權容祜 · 정태휘鄭泰輝 등의 사림이 연명하여 이수천을 효자로 지정하여 포증해 줄 것을 청하는 문서. 경상도 일원의 사림들이 대거 연명한 것이 주목된다.

　　나라가 인정하는 효자로 등록되어 정문을 받는 것도 중요하지만 더 중요한 것은 정양공 집안사람들에게는 선대의 반듯한 행의를 당당하게 드러낼 수 있는 자신감이 있었다는 점이다. 심하게 매달리거나 읍소하지 않았던 것은 정문 자체에 집착하지 않았기 때문이다. 효자 정문이 내리지 않았다고 해서 이들의 효행이 사라지는 것은 더욱 아니었다. 효행이라는 유교적 가치의 실현에 누구보다 강한 애착을 보였음에도 한두 번 정도의 요청으로 만족할 줄 아는 여유를 가진 이들이 바로 정양공 집안사람들이었다. 국가는 실정失政을 해도 선비는 염치를 지켰으니, 그 옳고 그름은 독자가 판단할 일이다.

2) 서적의 저술 및 출판을 통해 본 정양공 가문의 지식 문화

(1) 명성재에서 꽃핀 숭례의 정신

입공立功・입덕立德・입언立言을 3불후三不朽라고 한다. 세월이 흘러도 사라지지 않는 영원불멸의 가치를 뜻한다. 다른 사람을 위해 공을 세우고, 덕을 베푸는 일은 아무나 할 수 있는 일이 아니다. 그것이 어려우면 교훈이 될 만한 글을 남겨 후세의 삶을 윤택하게 하는데(立言), 그런 글을 남기는 사람을 입언군자立言君子라 한다. 뛰어난 스승 아래에서 양질의 교육을 받은 정양공 집안사람들은 사문의 가르침을 헛되게 하지 않았다. 저마다 글을 남겨 집안에서는 문향文香이 피어올랐고, 마을에는 입언군자가 넘쳐 났다.

그들이 피어올린 문향은 숭례崇禮의 정신에 바탕하여 반듯하면서도 절도가 있었다. 이의조가 1758년 선친의 뜻을 이어 명성재에서 『가례증해家禮增解』의 편찬에 착수했을 때 문향은 피어

오르기 시작했고, 1772년 이를 총 10권으로 완성했을 때 그 향은 마을과 고을을 넘어 전국으로 퍼져 나갔으며, 1792년 475판 954면 분량으로 판각하였을 때 상원마을은 시대가 주목하는 조선의 지식문화공간이 되었다. 사람들은 『가례증해』의 방대한 규모에 놀랐고, 치밀한 고증과 상세한 해설에 경탄을 금치 못했다. 아울러 『가례증해』에는 산만하던 관혼상제의 예법을 집성하고자 했던 저자의 웅대한 뜻이 담겨 있었기에 운평문하雲坪門下의 동문 송환기는 기꺼이 서문을 지어 학우의 노고를 격려해 마지않았다.

여기에는 공인 김풍해 등 장인의 숨은 공로가 있었는데, 이들은 김천 직지사의 느티나무를 사용하여 무려 3년의 공을 들여 판각을 마무리했다고 한다. 최고 학식의 저자, 최고 기술의 장인이 만들어 낸 한국문화사의 명장면이 아닐 수 없다.

『가례증해』의 편찬과 간행은 일문의 지적 요구를 활성화시키며 학문적인 강한 자부심을 갖게 했다. 그리하여 상원의 제제다사濟濟多士들은 예학을 비롯한 다양한 분야에서 전문성을 축적하여 그것을 저술로 드러내 보였다.

유가의 필독서인 『소학小學』을 재해석한 이수호李遂浩(1744~1797)의 『소학집주증해小學集註增解』는 『가례증해』를 이은 또 하나의 명저였다. 이재춘李再春의 아들로 호가 진암進庵인 이수호는 경호鏡湖·성담문하性潭門下에서 착실히 학문을 닦아 한국유학사에 빛나는 저술을 남긴 것이다. '증해增解'라는 말이 상징하듯

『가례증해』 책판

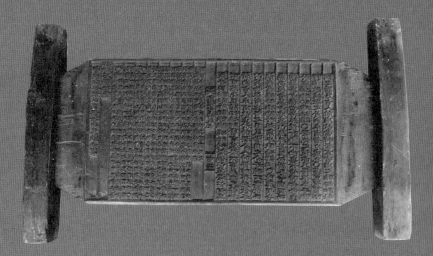

『소학집주증해』는 이의조의 『가례증해』의 경학적 계승에 다름 아니었다. 이 또한 212판에 이르는 대작이었으니, 18세기는 정양공 집안의 지적 활동이 샘물처럼 솟은 시대라 할 수 있었다. 더구나 이수호는 이 책 외에도 『사례유회四禮類會』·『계몽일득啓蒙一得』·『춘추의견春秋意見』·『곡례의의曲禮疑義』 등 역사 및 예학 부문의 역저를 남김으로써 학계가 인정하는 '호학의 선비' 라는 아름다운 이름을 얻었다.

　　이의조·이수호 외에도 정양공 집안에서는 17세기 이래로 각종의 저작물들이 쏟아졌다. 문집 또는 유고를 남긴 이로는 방초정 이정복을 비롯하여 이배李培·이병찬李秉瓚·이만영李晩永 등이 있고, 단독 저술을 남긴 이로는 이수원李邃元의 『주문류초朱文類抄』·『상례보편喪禮補編』, 이병중李秉中의 『경례문답經禮問答』·『예의집해禮疑輯解』, 이병옥李秉玉의 『사례집략四禮輯略』·『의례문해疑禮問解』, 이익균李益均의 『이례요초二禮要抄』, 이우성李宇性의 『경호만록鏡湖漫錄』·『후몽항사록後蒙恒思錄』, 이만영李晩永의 『사례절요四禮節要』, 이달李達의 『선후천고정설先後天考定說』·『태극도太極圖』·『대학착간교정大學錯簡巧正』·『경원력庚元曆』 등이 있다. 무로 빚고 문으로 다듬은 집안의 전통이 일가학림一家學林을 이루어 예학과 경학으로 결정結晶된 것이다. 명가의 저력이란 정녕 이런 것인가 보다. 『가례증해』와 『소학집주증해』의 목판은 1995년에 건립한 숭례각崇禮閣에 소중하게 갈무리되어 있다.

숭례각이 사치스럽지도 않고 옹색하지도 않은 불치불검不侈不儉의 규모를 지닌 것은 예를 숭상하는 집안의 법도 때문이리라.

(2) 기호학畿湖學의 수용과 사은에 대한 보답: 『운평집』 간행 사업

1792년 『가례증해』의 판각을 마친 이의조는 또 하나의 커다란 간행사업을 기획했다. 바로 스승 송능상의 문집 『운평집雲坪集』의 간행이었다. 스승이 친필로 써 준 '명성재'에서 그는 무슨 생각을 했을까? 큰 스승은 제자의 자질을 발견하여 잘 이끌어 주는 사람이다. 이의조가 아무리 자질이 뛰어났어도 송능상이 없었더라면 그가 세상이 주목하는 석학으로 성장하지 못했을지도 모른다. 더구나 송능상은 그에게 부모와 같은 존재였고, 그런 감사의 마음은 『가례증해』를 완간하고 난 뒤에 더욱 간절했을 것 같다. 생각이 여기에 미치자 이의조는 무언가 큰일로써 사은師恩에 보답하고 싶었다. 사망하기 직전에 추진한 포증론이 사회적 드러냄이라면 문집의 간행은 정신사적 현창이었다.

『운평집』 편찬의 기틀을 마련한 사람은 동문의 벗 송환기宋煥箕였다. 그는 1758년 송능상이 사망한 직후에 유문遺文의 수습에 들어갔고, 1802년에는 송능상의 행장行狀까지 탈고함으로써 문집 간행을 위한 제반 준비를 마치게 된다. 수시로 호서를 왕래

『운평집』 책판. 『운평집』은 이의조의 스승 송능상의 문집이다. 호서지역 거유의 문집을 영남의 원터에서
간행한 것에서 호서와 영남의 학술문화적 소통성을 엿볼 수 있다.

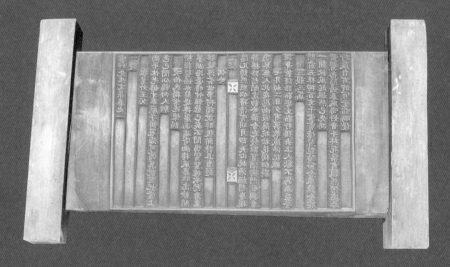

하며 송환기와 빈번하게 교유했던 이의조가 이런 사실을 몰랐을 리 없다. 오히려 그는 『운평집』의 편찬에 적극 관여했고, 내친 김에 출판을 담당하기로 자처했던 것 같다. 이른바 『운평집』 초판본 간행프로젝트는 이런 과정을 통해 구체화되었다.

『운평집』이 언제 출판을 완료했는지는 자세하게 알 수 없지만 이의조 생시인 1802년 무렵에 착수하여 늦어도 1809년에는 일단락되었던 듯하다. '지례知禮 이참봉댁李參奉宅' 즉, 이의조의 본가에 소장되어 오다가 지금은 숭례각에 보관되어 있는 10권 4책 분량의 책판 170장이 바로 그것이다.

이이→김장생→김집→송시열→권상하→한원진으로 이어지는 기호학통의 적전인 송능상의 문집 『운평집』이 상원이라는 공간에서 정양공 집안사람들의 손으로 간행되었다는 사실은 매우 중요한 의미를 가진다.

그 사람이 없었다면 그 일을 맡겼겠는가? 송능상의 문인은 호서를 비롯하여 전국에 포진하고 있었고, 그들 중에는 조선 전역을 울리는 명관名官·달사達士가 즐비했다. 그럼에도 스승의 얼이 담긴 문집의 간행을 이의조에게 맡길 수 있었던 것은 이의조라는 사람에 대한 신뢰, 상원마을이 온축해 온 지식문화적 전통에 대한 믿음 때문이었다.

선한 마음이 망외의 경사를 불러오는 예를 우리는 종종 보게 된다. 『운평집』의 간행은 분명 사은에 보답하려는 선한 마음에서

출발했지만 이를 통해 상원마을은 조선의 학계가 부여하는 무형의 훈장을 달게 된다. 그 훈장의 이름은 '은혜에 감사할 줄 아는 지식문화마을'이라 해도 결코 지나치지 않을 것이다.

(3) 인문학 지식의 원천: 종가의 서고書庫

지금 세상에는 책이 넘쳐난다. 서점에 가면 동서양의 책이 하루에도 산더미처럼 쏟아지고, 웬만한 고전古典도 도서관에 가면 다 열람할 수 있는 시대가 되었다. 그러나 조선시대는 사정이 매우 달랐다. 책은 참으로 귀한 물건이었고, 큰선비나 되어야 어느 정도의 장서를 구비할 수 있었다.

그러면 옛사람들은 책을 어디서 빌려 보았는가? 가장 가깝고도 손쉬운 곳이 큰집, 즉 종가이다. 같은 종가라도 집안의 격에 따라 반질되는 책의 질과 양이 다르기 마련이고, 무엇보다 주인의 지적 역량이 그 질과 양을 가늠하는 변수가 된다.

정양공종가는 나라에서 인정한 불천위를 모신 종가였으므로 가격家格에 부족함이 없고, 600년의 역사를 자랑하였기에 연륜이 모자라지 않았으며, 대대로 글이 끊이지 않았으므로 지식수준 또한 손색이 없었다. 이런 세 가지 조건으로 인해 종가의 서고에는 양질의 도서가 세월과 더불어 쌓여 갔고, 그것은 자연히 종손은 물론 집안사람들에게 도서관의 역할을 했음이 틀림없다.

말하자면, 종가의 서고는 정양공 집안사람들의 지식문화의 원천이었던 것이다.

그렇다면 정양공종가의 서고는 어느 정도의 규모였을까? 우선 장서량을 살펴볼 필요가 있는데, 현존하는 것은 고서 363책과 고문서 319점이다. 큰집 살림에 이 정도 수량이라니 정말 터무니가 없다. 불가피한 손실과 도난이 있었음에 분명하다. 전자는 임진왜란·병자호란 및 한국전쟁과 같은 전란에서 기인하며, 불과 40년 전에 있었던 새마을운동도 한몫했다고 본다. 후자는 어느 집 할 것 없이 누구나 당하는 일이다. 종손의 표현에 따르면 정양공종가도 여러 차례 도난을 당했고, 그중에서도 귀중본이 표적이 되었다고 하니 그저 탄식할 따름이다.

전란과 도난의 소용돌이 속에서도 용케 보존된 것이 위의 수치인데, 여기에도 진주는 가득하다. 예학을 숭상한 집안의 서고에 『가례증해家禮增解』, 『가례고증家禮考證』, 『삼례의三禮儀』, 『상례비요喪禮備要』 등 예서가 유난히 많은 것은 너무나 자연스러운 현상이고, 이경우李景羽의 『옥휘운고玉彙韻考』, 권이생權以生의 『사요취선史要聚選』, 정조의 명으로 편찬한 『규화명선奎華名選』, 정조가 주자의 시문에서 가려 뽑은 『아송雅頌』, 김진金搢의 『신보휘어新補彙語』, 임헌회任憲晦의 문인들이 편찬한 『오현수언五賢粹言』 등도 일가의 진장珍藏이라 할 만하다.

특히 주목되는 것은 교서·교지·상서·소지·명문·분재

기·호구단자·녹패 등으로 구성된 고문서류인데, 정양공종가 600년의 생생한 삶의 자취를 담고 있다. 이 가운데 '이숙기좌리공신교서李淑琦佐理功臣敎書'는 그 시기가 매우 올라가는 희귀본으로서 조선시대 왕명문서 연구의 필수 자료로 꼽히고 있다. 현재 경상북도 유형문화재 제442호로 지정되어 있는데, 국가지정문화재로 승격할 필요성이 절실하다. 나머지 고문서들은 어떤 형태의 지정도 받지 못하고 있는데, 민족의 기록문화유산이 방치되는 듯한 느낌을 지울 수 없다. 하루빨리 국가적인 관리시스템 속에 편입되기를 기대해 본다.

제3장 **종가의 제례**

1. 정양공종가의 제례 현황

　　정양공종가의 제례는 불천위제不遷位祭 · 기제忌祭 · 차사茶
祀 · 묘사墓祀 등이 있다. 정양공의 불천위 제사는 음력 11월 4일
이며, 비위인 남양홍씨는 음력 4월 10일이다. 기제는 종손을 기
준으로 고조까지 11회이며, 차사는 설과 추석에 지내는 제사를
일컫는다.

　　묘사는 매년 10월 정일에 지내 왔으나 요즘은 후손이 모이기
가 쉽지 않아 10월 첫째 일요일에 행사하고 있다. 정양공의 산소
는 용인시 처인구 남사면 아곡리 산 601번지에 위치하고 있으며,
용인시 향토유적 제56호로 지정되었다.

　　지손 중에는 『가례증해』의 편찬자 이의조의 향사를 매년 음

력 3월 초정에 명성재에서 지내고 있다. 명성재는 본디 이의조의
서재였으나 사후 영정을 모시고 제향을 올리게 됨으로써 재실의
기능을 하게 되었다.

2. 불천위 제례의 과정과 절차

정양공의 불천위 제례는 음력 11월 4일이며, 고비위를 합설하여 행사하고 있다. 제례의 절차와 양식은 『가례증해』를 따른다. 자가自家의 예서로서 조상을 봉사하니, 그 체모가 자못 반듯하다.

1) 제사 준비

제수는 문중의 유사가 준비한다. 비용은 종중에서 약간 부담하고 대부분은 종손이 맡는다. 제수는 유사가 김천 시내나 인근에서 장만하며, 종가에서 미리 마련해 두었다가 쓰는 것도 있다.

유사가 제수를 준비해 오면 종부를 비롯한 대소가의 부녀들이 종가에서 장만한다. 지금은 고령화 사회가 되어 모이는 사람도 많지 않거니와 오는 사람들도 대부분이 노인이다. 종족마을인 상원은 얼마 전까지만 해도 90호에 이르렀으나 지금은 70호 정도 남아 있다. 제수는 크게 가리는 것은 없지만 꽁치와 같이 '치' 자가 들어가는 생선이나 비늘이 없는 오징어나 상어는 쓰지 않는다.

제사 당일이 되면 경향 각처에서 제관祭官이 몰려든다. 예전 같았으면 시도기를 작성하고 역할에 따라 집사를 분정하는 것이 원칙이다. 하지만 지금은 참여자가 20명 남짓하여 그중에서 집사執事를 나누어 정한다. 3헌관 가운데 아헌은 주부主婦 즉 종부宗婦가 하는 것이 원칙이지만, 먼 곳에서 온 제관을 배려하여 아헌과 종헌 모두 참사자 중에서 나이와 덕망을 참작하여 정한다. 이른바 '연고덕소年高德邵'의 기준이 적용되는 것이다. 이런 기준은 약 50년 전에 작성된 『경모재성금안景慕齋誠金案』이라는 문서를 참작한 것이므로 조선시대의 예법과는 일정한 차이가 있다고 본다. 위 문서에 규정된 헌관 및 집사의 기준은 아래와 같다.

- 초헌관: 나이가 많고 덕이 뛰어난 자
- 아헌관: 초헌관 다음으로 나이가 많은 자
- 종헌관: 아헌관 다음으로 나이가 많은 자

- 집　　례: 예에 밝은 자
- 축　　관: 집례 다음으로 예에 밝은 자
- 제집사: 연소하고 행동이 민첩한 자

불천위 제사는 이를 참작하되 결코 적용할 수 없는 것이 한 가지 있다. 바로 초헌관이다. 불천위 제사에서 초헌관은 종손의 권리이자 의무이기 때문이다. 그나마 종부가 행해야 하는 아헌을 참사자에게 배려한 것은 예법을 떠나 종중의 화합과 결속 차원에서 권장할 만한 대목이라 생각된다.

2) 제청 마련

불천위 제례는 자시子時를 넘긴 시각, 즉 새벽 1시가 넘은 시간에 행사하는 것이 정례화되어 있다. 따라서 제관들은 12시 30분 무렵에 제복을 갖추어 입은 다음 병풍屛風·교의交椅·제상祭床을 위치와 용도에 맞게 배치하여 제청祭廳을 마련한다. 제청은 정침에 마련하며 북쪽을 향해 병풍을 편다. 제상은 교의 앞에 놓는데, 예전에는 고족상高足床을 썼으나 지금은 일반상으로 대용하고 있다. 제상 위에는 촉대燭臺를 놓고, 앞에는 배석을 깔고 향안香案을 놓는다. 그 위에 향로香爐와 향합香盒을 얹고 모사기茅沙器와 퇴주기退酒器를 놓는다. 향안의 왼쪽에 축판祝板을 두고, 오른쪽에 주가를 놓고, 왼쪽 모서리 부분에 관세위盥洗位를 놓으면 제청 마련이 마무리된다.

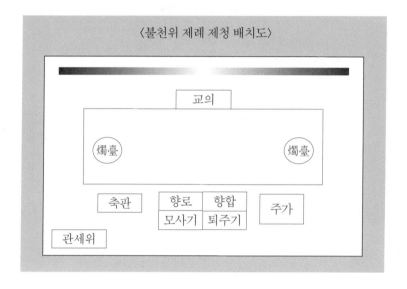

3) 진설陳設

총 4열로 배치하는데, 제1열은 과일이다. 대추·밤·감·배 및 시절과時節果를 쓰는데, 모두 최상품을 고집한다. 제2열은 나물과 전이 차지하는데, 좌측에는 육회·계란·석어 등 어육전을, 가운데는 나물을, 우측에는 고사리와 도라지 등 채소를 올린다. 제3열은 탕과 도적이다. 도적은 예전에 비해 높이가 많이 줄어든

대신 가적加炙에 쓰는 적을 따로 만들어 세 번에 나누어 올린다.

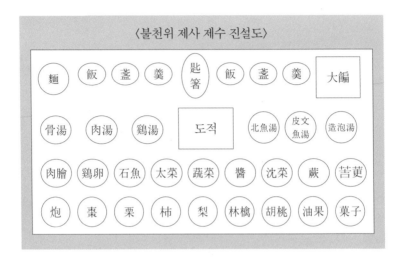

〈불천위 제사 제수 진설도〉

麵	飯	盞	羹	匙箸	飯	盞	羹	大䭏
骨湯	肉湯	鷄湯		도적		北魚湯	皮文魚湯	造泡湯
肉膾	鷄卵	石魚	太菜	蔬菜	醬	沈菜	蕨	苦蕈
炮	棗	栗	柿	梨	林檎	胡桃	油果	菓子

탕은 어탕·육탕·골탕·조포탕을 쓰는데, 그때그때의 형편에 따라 종류가 달라진다. 제4열은 메와 갱, 면과 떡을 올리고 시접 및 잔반을 둔다. 진설을 마치면 주인은 제수가 제대로 배열되었는지, 정결하지 못한 것은 없는지, 정성이 부족하지 않은지 등을 점검한다.

4) 출주出主

사당으로 신주를 모시러 가는 절차이다. 종손과 일부 집사

자, 축관이 여기에 참여한다. 사당, 즉 관락사寬樂祠는 정침의 동
북쪽 언덕에 있다. 불천위를 비롯하여 현 종손의 4대의 신주가
모셔져 있다. 본래 불천위는 별묘別廟를 세우는 것이 원칙이지만
대부분의 반가에서는 가묘에 불천위를 함께 모시는데, 정양공종
가도 이런 경우이다. 사당의 출입은 '동입서출東入西出', 즉 동쪽
으로 들어가서 서쪽으로 나오는 것이 맞지만 정양공종가 사당은
외문이기 때문에 이런 구분이 없다.

　　사당 안으로 들어갈 때도 동입서출의 원칙이 적용되지만 공
간 구조상 이 또한 여의치 않다. 관락사의 6~7할 정도를 불천위
감실 용도로 쓰고 그 나머지 공간에 4대의 신주를 모시고 있다.
따라서 불천위를 출주할 때는 3개의 문 가운데 중간문이 사실상
동문 역할을 한다.

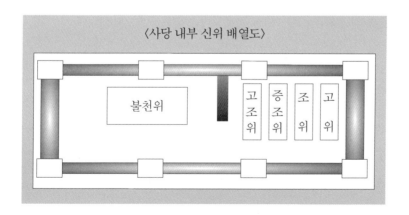

〈사당 내부 신위 배열도〉

불천위　　　고조위　중조위　조위　고위

출주를 위해 중간문을 통해 사당 안으로 들어가면 종손은 감실의 신주를 봉심하고 향안 앞에 꿇어앉는다. 이때 축관이 출주고사出主告辭를 읽는다. 정양공종가의 출주고사는 아래와 같다.

지금 18대손 응실은 현선조고 행정충출기 포의적개 순성명량 경제홍화 좌리공신 자헌대부 형조판서 호조판서 겸 지의금부사 연안군 증정충줄기 포의적개 순성명량 경제홍화 좌리공신 정헌대부 의정부 좌참찬 겸 지의금부사 도총부 도총관 연안군 시정양공 부군의 기일에 감히 청컨대 현선조고 행정충출기 포의적개 순성명량 경제홍화 좌리공신 자헌대부 형조판서 호조판서 겸 지의금부사 연안군 증정충출기 포의적개 순성명량 경제홍화 좌리공신 정헌대부 의정부 좌참찬 겸 지의금부사 도총부 도총관 연안군 시정양공 부군과 현선조비 정부인 남양홍씨의 신주를 정침으로 모셔 추모하는 마음을 펴고자 합니다.

이렇게 축관이 축문을 다 읽으면 종손이 주독主櫝을 안고 가운데 문으로 나와 정침으로 내려온 뒤 교의에 안치한다. 그런 다음 읍하여 예를 표하고 도자를 벗긴다. 신주의 전면에는 신주와 봉사손의 친족 관계·관품·관직·군호·시호 등이 한 줄로 기재되어 있고, 그 옆에는 봉사손의 이름이 방제旁題되어 있다.

5) 강신례 및 참신례

참신례參神禮 다음에 강신례降神禮를 행하는 것이 일반적이지만 정양공종가에서는 진설 뒤에 강신례를 행하고, 바로 이어서 참신재배를 한다.

주인이 향안 앞으로 나아가 꿇어앉으면 좌우의 집사들이 향로와 향합을 받들어 주인이 분향할 수 있게 준비한다. 이것을 받은 주인이 세 번 향을 피운 다음 신주를 향해 두 번 절하는 것으로 분향례焚香禮는 마무리된다. 좌우의 집사란 잔을 신위전에 놓는 전작집사奠爵執事와 헌관에게 잔을 주고받는 봉작집사封爵執事를 말한다.

분향례를 마친 주인이 다시 신위 앞에 꿇어앉으면 전작집사가 고위 앞의 반잔을 내려 봉작집사에게 준다. 봉작집사가 그것을 주인에게 주면 사준집사가 잔에 술을 따른다. 주인은 그 술을 받아서 모사기에 세 번 나누어 붓고, 빈 잔을 봉작집사에게 준다. 봉작집사가 전작집사에게 그 잔을 주면 전작집사는 그 잔을 다시 원래의 자리인 고위전에 놓는다.

이어서 주인이 신위를 향하여 두 번 절하면 참사자 전원이 신주를 향하여 두 번 절하여 참신례를 행한다.

6) 초헌례初獻禮

신주에 첫 잔을 올리는 절차이다. 초헌관은 종손이 하며, 헌작獻爵·제주祭酒·진적進炙·독축讀祝·재배再拜 순으로 진행된다. 헌작은 초헌관이 신위에 술을 올리는 절차이고, 제주는 올린 잔을 다시 내려 술을 조금 덜어내는 것을 말한다. 정양공종가에서는 주인이 사준집사司罇執事에게 술을 받으면 그 자리에서 모사기에 조금 덜어서 제주하여 잔을 올린다. 잔을 올리는 절차도 주인이 봉작집사에게 잔을 건네면, 이것을 전작집사에게 주고, 전작집사가 그 잔을 신위 앞에 올리는 형식이다. 비위의 잔은 봉작·전작집사가 앞의 형식을 그대로 반복한다.

헌작과 제주를 마치고 적을 신위에 올리는 것이 진적이다. 정양공종가에서는 '모린우毛鱗羽'의 양식에 따라 초헌에는 육적肉炙, 아헌에는 어적魚炙, 종헌에는 계적鷄炙을 쓴다. 초헌에 올리는 육적은 익힌 소고기를 쓴다.

진적이 끝나면 축관이 주인의 좌측으로 나와 축문을 읽는데, 축문식은 다음과 같다.

유세차 간지 모월 모삭 모일에 효18대손 응실은 삼가 현선조
고 행정충출기 포의적개 순성명량 경제홍화 좌리공신 자헌대
부 형조판서 호조판서 겸 지의금부사 연안군 증정충출기 포의

적개 순성명량 경제홍화 좌리공신 정헌대부 의정부 좌참찬 겸 지의금부사 도총부 도총관 연안군 시정양공 부군에게 밝게 아룁니다. 해가 바뀌어서 현선조고 행정충출기 포의적개 순성명량 경제홍화 좌리공신 자헌대부 형조판서 호조판서 겸 지의금부사 연안군 증정충출기 포의적개 수성명량 경제홍화 좌리공신 정헌대부 의정부 좌참찬 겸 지의금부사 도총부 도총관 연안군 시정양공 부군의 기일이 다시 돌아옴에 시간이 지날수록 느꺼워 길이 사모하는 마음을 이길 수가 없습니다. 삼가 맑은 술과 여러 가지 음식으로 공경히 제사를 올리오니 흠향하시옵소서.

축문을 읽는 동안 주인을 비롯한 참사자들은 부복하여 대기하고, 독축이 끝나면 주인은 일어나 두 번 절한다. 이어서 우집사는 적을 내리고, 좌집사는 잔을 내려 주인에게 준다. 주인이 잔을 퇴주기에 비우고 집사자에게 전달하면 집사자들이 고비위 앞에 다시 놓는다. 이로써 초헌례를 마치고 주인이 일어나 제자리로 돌아오면 아헌례가 진행된다.

7) 아헌례亞獻禮 및 종헌례終獻禮

주자朱子의 『가례家禮』에 의하면 아헌은 총부冢婦 즉 종부가 행하는 것으로 되어 있지만, 정양공종가에서는 참사자 가운데 나이가 많고 덕이 높은 사람이 맡는다. 아헌례와 종헌례의 절차는 초헌례와 같다. 다만 초헌례에서 육적을 썼다면 아헌 및 종헌례에서는 각기 어적과 계적을 쓰는 차이가 있다. 종헌례를 마치면 신이 음식을 자실 수 있게 준비하는 유식례가 이어진다.

8) 유식례侑食禮

유식은 신에게 음식을 드시도록 권하는 절차이다. 술을 좀 더 드시라는 뜻에서 첨작하고, 음식을 자시라는 의미에서 숟가락을 밥에 꽂는다. 유식례 또한 집안마다 조금씩 다른데, 정양공종가에서는 집사자들이 고비위전의 잔반을 내려 주인에게 주면 사준집사가 잔에 술을 붓는 형식으로 진행된다. 종헌이 끝나고 헌관이 제자리로 돌아가면 주인이 다시 향안 앞으로 나아가 끓어앉는다. 이어서 집사자들이 잔반을 내려 주인에게 주면, 주인은 잔반을 받고 대기한다. 이어서 사준집사가 잔에 첨작하고, 주인은 잔반을 집사에게 되돌려 제상의 본래 위치에 둔다. 잔반을 제자리에 돌리고는 밥에 숟가락을 꽂는데, 앞부분이 동쪽으로 향하게 한다.

9) 합문과 계문

합문闔門은 신이 마음 편하게 식사를 할 수 있도록 문을 닫고 기다리는 절차이다. 정양공종가는 제청을 정침에 마련하기 때문에 병풍으로 제상을 가리는 형태로 합문 절차를 행하는데, 병풍을 따로 마련하여 제상을 완전히 가리지 않고 북쪽을 향해 펼쳐놓은 병풍의 양 끝을 제상 쪽으로 접어서 가리는 형식을 취한다.

이때 제관들은 부복한 채로 구식경九食頃, 즉 밥숟가락을 아홉 번 뜰 시간 동안 대기한다. 흥미로운 것은 정양공종가에서는 다른 집안보다 좀 더 길게 대기하는데, 이는 조상에 대한 흠모의 정이 깊어서 그런 것이라 한다.

축관이 세 번 기침 소리를 내는 '삼희흠三噫歆'을 하는 것으로서 유식의 절차는 마무리되고 문을 열고 제청으로 들어가는 절차인 계문啓門이 이어진다. 계문과 동시에 병풍을 되돌리고, 제관들도 일어나 서립하면 차를 올리는 진다進茶가 진행된다. 우리나라에서는 차 대신 숭늉을 사용하는데, 정양공종가에서는 청수淸水를 올리고 거기에 밥을 마는 형식을 취한다. 즉, 제상에서 국그릇을 내리고 청수를 올리면 집사자들이 메그릇에서 밥을 세 번 떠서 여기에 마는 것이다. 이때 숟가락은 숭늉그릇에 걸쳐 두고, 숭늉을 드실 시간을 드리기 위해 제관들은 잠시 국궁하여 대기한다.

10) 사신례辭神禮

　제사를 마치고 신을 떠나보내는 절차이다. 메 뚜껑을 덮은 뒤 참사자들이 각자의 위치에 서서 신을 향해 일제히 두 번 절한다. 그런 다음 제상에서 잔을 내려 퇴작하면 주인은 신주에 도자韜藉를 씌우고 주독의 뚜껑을 닫는다. 축관이 축문을 태우면 주인은 신주를 모시고 사당으로 올라가 원래의 자리에 모신다. 이어서 철상하고 음복하는 것으로서 모든 예식이 마무리된다.

　음복은 제사 직후에 참사자들이 행함은 물론 상원마을은 집성촌이기 때문에 다음날 주변의 지손들까지 불러 남은 음식으로 함께 음복한다고 한다. 이 점에서 정양공 불천위 제사는 온 집안 사람들과 함께하는 말 그대로 '축제'였다.

제4장 종가의 건축문화

    정양공종택은 600년의 유구한 역사에 비해 건축적으로는 다소 왜소한 것이 사실이다. 현재 종손 내외가 거주하는 종택은 1905년대에 새로 건립한 것이라 한다. 모르긴 해도 과거에는 웅장한 기와집이 위엄을 드러냈을 것으로 짐작되지만, 지금은 옛 모습을 확인할 길이 없다. 종택은 안채와 사당으로 구성되어 있는데, 사랑채가 없는 아쉬움이 있다.

1. 정양공종택 안채

정문을 들어서면 정면으로 보이는 자리에 위치하고 있다. 동편에 부속 건물 한 채가 자리하고 있다. 지금도 종손 내외가 이곳에 살면서 봉제사·접빈객에 정성을 다하고 있다. 제사나 묘소의 수호 등 봉선奉先의 지혜가 모두 이곳에서 나오고 있는 만큼 종중의 구심점으로서의 기능과 존재감은 예전과 전혀 다를 바가 없다.

안채는 '일一'자형 평면에 정면이 4칸, 측면이 1.5칸이다. 지붕은 3량가의 팔작지붕 형태이다. 대청 2칸을 중심으로 오른편으로 1칸 규모의 방이 있고, 왼편으로 1칸 규모의 부엌이 있다. 대청은 본래 1칸이었으나 방을 줄여 2칸으로 늘린 것이다.

2. 정양공종택 사당

사당은 안채 뒤편의 낮은 언덕에 자리하고 있다. 정면 3칸, 측면 1.5칸의 홑처마 맞배지붕이다. 3량 구조이며, 전퇴를 두었다. 사당에는 적개·좌리공신 연안군 정양공 이숙기의 불천위를 모시고 있다. 공신에 올라 봉군되고, 시호와 명부조의 특전까지 받았으니, 나라에서 인정한 백세불천의 위패가 틀림없다. 사당으로 들어가는 문은 모로문慕勞門, 사당의 명칭은 관락사寬樂祠이다. 1788년 이숙기가 정양靖襄의 시호를 받을 때 '정靖'자의 시주諡註가 '성품이 너그럽고 의리가 있으며, 선으로 일생을 마쳤다'는 뜻의 '관락영종寬樂令終'이고, '양襄'자의 시주가 '무신으로서 국가에 공로가 있었다'는 뜻의 '갑주유로甲冑有勞'였다. 따

라서 '모로'는 군인정신에 대한 경모의 마음, '관락'은 인간적
풍모에 대한 계승의식을 담고 있는데, 결국 둘 다 시주에서 취한
명칭이다.

　　내부는 우물마루를 깔아 마감했고, 가구는 3량가의 초익공
집이며, 처마는 겹처마이다. 정면에는 출입을 위한 일각문이 있
고, 주위에는 방형의 토석담장을 둘러 생자의 공간과 망자의 공
간을 구분했다.

제5장 종가의 일상: 종손 · 종부의 삶

1. 종손 이야기

600년 정양공종가의 유구한 종통을 이은 종손은 이철응李哲應이다. 족보상의 이름은 응실應實이다. 자가 계선繼善인데, '적선지가積善之家'의 가풍을 잘 이어 나가라는 뜻에서 지은 것으로 해석하고 싶다. 광복 직후인 1945년 10월 24일에 태어났으니 우리 나이로 올해 일흔이다.

집안에서는 종손이라 바쁘고, 사회적으로는 농협 조합장으로서 현로불석賢勞不惜의 자세로 공무를 처리하느라 여념이 없다. 여기에 경상도 유림 후손들의 친목 단체인 담수회淡水會의 김천 지역 회장까지 맡고, 영남의 불천위 종손 모임인 영종회嶺宗會 회원으로서 모임에 열심히 참여하려니 일신삼역一身三役으로 하루 해가 짧을 지경이다.

인상은 호남형이다. 언행에 절도가 있으면서도 인정스러운 면모까지 갖추어 사람들에게 신뢰를 준다. 요즘 종손은 책임만 있고 권한은 없다지만 그런 세태에 연연하여 넋두리를 하는 사람은 더욱 아니다. 매사에 열정이 넘쳐 집안사람들에게는 미더움을 주는 대신 가족들에게는 걱정을 끼치는 것이 흠이라면 흠이다.

영남의 모든 종손이 그렇겠지만 정양공 종손 또한 봉제사·접빈객을 어려서부터 몸으로 익혔고, 중학교 입학 전에 이미 마을 서당에서 『천자문千字文』·『명심보감明心寶鑑』·『동몽선습童蒙先習』 등의 한적漢籍도 섭렵했다.

종손의 좌우명은 '극기복례克己復禮'이다. 이는 정양공 집안의 세습적 격언格言으로서 이미 생활화가 되어 있다. 그래서 말과 행동을 조심한다. 예의 기본은 소심小心, 즉 마음을 작게 가지는 데 있음을 잘 알기 때문이다.

그는 대학에서 국문학을 전공했고, 한때는 시작詩作에 골몰한 적도 있었다. 종손으로서의 책임감 때문이었을까. 군에서 제대한 뒤에 농협에 입사하게 되면서 직장인으로서 그리고 종손으로서 평범하지만 참으로 의미 있는 삶을 살아왔다.

이철응은 천생天生 예학을 숭상한 집안의 종손답게 예의를 행신行身의 으뜸으로 생각하고, 자녀들에게도 그렇게 가르쳤다. 그리고 시대의 변화를 파악하는 안목이 있었기에 양반보다는 선비정신을 강조한다. 이 점에서 그는 개명한 종손임에 분명했다.

전통적 범절과 현대적 개명함이 가장 돋보이는 영역은 아내, 즉 종부에 대한 존중이다. 가급적 종부의 말을 잘 따르고 호응하는 편이며, 배려는 상대방의 인격에 대한 존중에서 비롯된다고 굳게 믿고 있다. 누구보다 현대적 감각이 뛰어나기 때문에 현대 문화에 대한 통찰력도 예리하다. 근본 없는 이기주의가 개인과 사회를 망치고, 여기에 방송 매체까지 가세하여 세상을 점점 혼탁하게 만들어 가고 있다는 우려의식이 크다.

보고 듣는 것을 견문見聞이라 한다. 본 데도 없고, 들은 데도 없는 사람이 균형 감각을 지닌 건전한 시민으로 성장하기는 어렵다. 이른바 '본 데 있는 사람'은 가정교육을 통해 만들어지는 법이다. 그가 상대의 인격을 존중하는 가정교육의 필요성을 역설하는 이유도 여기에 있다.

이철웅은 점점 희박해져 가는 숭조의식에 대한 안타까움이 크다. 자신이 종손이기 때문만이 아니다. 가정 사회 국가라고 하는 프로세스를 고려할 때 가정은 사회와 국가를 지탱하는 필수 단위가 된다. 가정이 건강해야 사회도, 국가도 건실해질 수 있다. 가정의 집합체가 집안이고, 집안은 제례라는 축제를 통해 화합과 결속을 다질 수 있다. 이것이 제사가 중요한 이유이다.

이철웅은 제사를 통해 자신의 자녀와 집안사람들이 선대가 남겨 준 정신적 가치를 되새기며 건전한 시민으로 성장하는 작은 계기가 되었으면 하는 바람을 가지고 있다. 옛 방식대로 제대로

하자면 참으로 수고로운 것이 사실이지만 기쁜 마음으로 예롭게 이루어지기를 고대한다. 그래서 지금도 가급적 옛날 어른들이 하시던 대로 하고자 노력한다.

그는 불천위 큰제사는 말할 것도 없고, 4대봉사도 자신의 당대까지는 고수하겠다고 한다. 납골당이니 가족묘니 하는 소리가 주변에서 심심찮게 들려오고, 심지어 누대의 여러 제사를 하루에 모아서 지내자는 말도 있지만 아직은 어림도 없다.

지금 세상은 하루가 다르게 변해 가고 있고, 조상에 대한 향념도 형편없이 약해져 가고 있음을 그가 왜 모르겠는가. 그럼에도 자신의 대까지는 전통의 흉내라도 내고 싶어한다. 아니 고집하고 싶어한다. 그 고집 속에는 다음 종손이 될 아들에 대한 은근한 기대가 들어 있는 것 또한 사실이다. 어찌 보면 '세상에 귀찮게 여길 것이 없어서 조상을 귀찮게 여기고, 세상에 버릴 것이 없어서 조상의 정신과 가르침을 버린단 말인가?'라고 하고 싶은 것이 그의 속마음일지도 모른다.

종손이 가장 기꺼운 마음으로 참가하는 모임을 들라면 담수회일 것이다. 생각과 정서를 공유하는 사람들의 모임이기 때문이다. 그들이 공유하는 생각과 정서는 전통문화의 현대적 계승이다. 종손이라는 자신의 처지에 비추어 볼 때, 이보다 더 뜻깊은 모임도 없다. 그래서 담수회 김천지회 회장직을 흔쾌히 수락했고, 120여 명 되는 회원들과 함께 서원·종가 등 다른 집안의 역사문화유적을 탐방하며 견문을 넓히고 있다.

　종손은 담수회가 문화적 친목 단체를 넘어 교육적인 역할도 하기를 바라고 있다. 전통문화 속에서 인성함양의 가치를 발굴하여 자라나는 세대에게 교육하자는 것이다. 방학 등을 이용하여 한문교육 및 정신교육을 하면 양질의 인성을 가꾸는 데 도움이 될 것이라 확신하고 있다. 이 대목에서 그는 적합한 강사로 집안 아저씨뻘인 재야사학자 이이화 선생을 자랑스럽게 추천했다.

　그의 여망과 꿈은 여기서 멈추지 않았다. 그는 요즘 '연안이씨 발전회'를 구상하느라 여념이 없다. 집안의 자제들에게 애향심과 숭조정신을 심어 주기 위해서이다. 종손으로서, 또 어른으로서 마땅히 해야 할 일이라고 생각하기 때문이다.

　그는 종손으로서 큰집 살림을 해 봤고, 기관장으로서 조직도 운영해 본 사람이다. 따라서 화합을 이끌어 내는 긍정의 리더십이 어떤 것인지를 누구보다 잘 안다. 70 인생에서 그가 터득한 것은 예의에 바탕한 '절제', '인내', '배려' 그리고 상대에 대한 '존중'이다. 이것을 한마디로 압축하면 '극기복례克己復禮'이다. 예가禮家의 종손답게 그는 철저한 자기성찰에 바탕한 예의 회복과 인의 실천을 강조한다. 그의 말은 치열한 실천을 전제로 하는 것이기에 매우 진정성 있게 들린다. 더구나 이 말에는 600년 정양공종가의 얼이 담겨 있는 듯하여 그 무게감이 예사롭지 않다. 그는 이 시대에 보기 드문 귀한 사람인 것 같다.

2. 종부 이야기

　　종부 한영숙은 올해 69세로 종손보다 한 살 아래이다. 스물 다섯에 시집을 왔으니 45년째 종가의 안살림을 도맡아 오고 있다. 곡산한씨 집안의 딸인 종부의 친정은 경주이지만 600년 전만 해도 이 댁이 지례의 주인이었다.

　　청렴하고 곧기로 소문난 평절공平節公 한옹韓雍이 사위 연성 부원군에게 지례 땅을 물려주었고, 그 손자 대에는 경주로 이주 했다. 그 집안에서 현숙한 여성이 태어나 600년 만에 상원마을 이씨네 종가로 시집을 왔으니 이보다 깊은 인연이 없다.

　　한영숙은 2남 2녀 가운데 둘째로 태어났으며, 9세에 아버지를 여의고 조부 슬하에서 자랐다. 조부의 사랑이 컸던지 노년에 이른 지금까지도 구김살이 전혀 없다. 친정에는 조부를 비롯하여 당숙들까지 글로 이름난 선비들이 많았다. 대성은 아니지만 경주에서 선비집안의 체모를 당당히 유지한 집안이었음이 분명하다.

그녀는 어릴 적부터 종붓감이라는 소리를 듣고 자랐지만 내심 그리 달갑지는 않았다고 한다. 그러나 말이 씨가 되는 법이다. 평절공 묘사 때가 되면 조부를 비롯한 집안 어른들은 지례를 왕래했고, 그럴 때마다 선대의 외손 집인 정양공종가의 융숭한 대접을 받았다. 세의가 있던 터라 서로 흉허물이 없이 지내던 중 혼담이 무르익었던 것이다.

정양공종가로서는 학업을 마친 종손이 군대도 제대하고 직장도 잡았으니 혼사를 미룰 까닭이 없었다. 말 나온 김에 혼사를 마무리 짓기 위해 예비 시어머니와 신랑이 경주로 선을 보러 갔다. 영문도 모른 채 집에서 바느질을 하고 있던 한영숙은 낯선 손님의 방문에 어리둥절했다. 예비 시어머니는 동구 밖에 있고, 예비 신랑 이철응이 오빠 친구인 척하며 집안으로 들어온 것이다. 친정 엄마는 시장을 가고 없는지라 당황한 한영숙은 큰집 당숙을 찾아가 자초지종을 설명했다. 금세 눈치를 챈 당숙은 손님을 방으로 모시고 밥상을 차리라고 하였다. 나물을 씻고 다듬어 한창 밥상 차릴 준비를 하는데 뽀얀 한 노인네가 와서는 물 한 그릇을 청한다. 미래의 시어머니가 오신 것이다. 당연히 두 손으로 공손하게 물을 드리고 나서 나물을 무치는데 "손이 뭉땅한 것을 보니 음식 맛은 있겠구나"고 하시고는 집을 나가셨다. 아닌 밤중에 홍두깨라고 뭐 이런 상황이 다 있을까 싶지만 예전의 선이라는 것이 이런 것이었고, 결과는 합격이었다.

한영숙의 회고에 의하면, 그때만 해도 신랑 이철웅은 얼굴도 뽀얗고 인상도 참 좋았으며, 자신을 정면으로 쳐다보던 그 모습이 지금도 또렷하게 기억난다고 한다. 이런 것을 우리는 인연이라 하고, 그 인연으로 인해 한영숙은 상원 이씨네 종부가 되었다.

그 시절 시집살이가 만만할 리 없고, 더구나 시할머니와 시어머니를 모셔야 하는 큰집 살림이었으니 그 고충이 오죽했을까. 하지만 한영숙은 어른들을 지성으로 섬겼고, 세상은 그녀에게 효부상을 내렸다. 하지만 그녀는 효부상을 주더라도 꼭 사양하라는 친정 할머니의 당부에 따라 수상하는 자리에 나가지 않았다. 효도하는 정성이 가상함은 두말할 나위가 없지만 사양하는 미덕은 더욱 아름답다. 한영숙에게 종부는 운명이었고, 그 운명에 충실하자 세상은 그녀에게 영예를 주었던 것이다. 더구나 효행은 종가의 오랜 가법이자 가풍이었기에 더욱 영광스럽게 느껴졌을 것이다.

주위의 여느 가정집 주부들과 비교하면 종부로서의 삶이 버겁게 느껴질 때도 많았지만 운명으로 여겨 내색하지 않았고, 이제는 자신의 삶에 바탕하여 자녀들을 당당하게 훈계할 수 있을 정도가 되었다. 말보다 행동이 앞섰기에 그녀의 가르침은 부작용을 걱정할 필요가 없었다.

어른 봉양은 친정에서부터 습관화되어 어려움이 없었지만 새댁 시절에 누에를 먹이는 일은 참 힘들었다고 한다. 전혀 경험이 없는 데다 한창 바쁠 때는 누에 때문에 잠을 잘 수가 없었기 때문이다. 사실 한영숙은 억척스러운 데가 있는 사람이었다. 남에게 소작을 준 전답을 다 회수하여 직접 농사를 짓겠다고 자처했으니 말이다.

종부의 역할 가운데 가장 중요한 부분이 바로 제사이다. 한영숙의 친정은 큰집이 아니었기 때문에 봉제사에 따른 범절을 익힐 기회가 없었다. 하지만 시어머니의 가르침 속에 정양공종가의 법도를 차곡차곡 배워 나갔다. 경주에서는 밥으로 제사를 모시는 반면 상원에서는 명절에 떡으로 제사를 모시는 것에 문화적 차이를 느끼기도 했다.

종가 제사의 핵심은 큰제사라 불리는 불천위 제사이다. 온 자손들이 다 모이는 제사이니만큼 제수 장만이 쉽지 않거니와 때도 음력 11월이라 날씨 또한 만만치 않다. 장을 보는 데에도 사흘은 걸리고 그나마 대소가 사람들의 도움 없이는 큰일을 치르기가 여간 어렵지 않다. 하지만 그녀는 45년 세월을 조금의 불평도 없이 정성을 다해 제사를 모셨고, 앞으로도 그렇게 할 것이다.

종부의 삶은 그 자체가 교육이었다. 세 딸은 이런 어머니를 보고 자랐기에 인내의 미덕을 누구보다 잘 알고 있고, 그것이 자양분이 되어 모두들 행복한 가정을 꾸려가고 있다.

힘든 종부의 삶 속에서도 언제나 의지가 된 사람은 당연히 종손 이철웅이었다. 무엇보다 자신을 존중해 주는 그 마음이 고맙고 든든했다. 그래서 몸은 힘들었지만 마음은 항상 즐거울 수 있었다. 부부는 일심동체라지만 이철웅 · 한영숙 내외만큼 금실이 좋은 사이도 그리 흔치는 않을 것이다.

집안사람들의 속 깊은 격려도 크게 힘이 되었다. 우선 '종부'라고 불러 주는 것이 참으로 듣기가 좋다. 그것은 그냥 호칭이 아니라 인정과 신뢰가 담겨 있기 때문에 그렇다. 종손이 아팠을 때 온 집안사람들이 자신의 일처럼 걱정하며 알아서 급한 농사일을 해결해 줄 때 큰 보람을 느낀다.

얼마 전 정양공종가에서는 외아들을 장가들였다. 다음 시대 정양공종가를 책임질 차종부를 맞은 것이다. 차종부는 남해에서 자랐고, 서울에서 오래 생활한 탓에 종부의 삶이 어떤 것인지 아직은 잘 모른다. 우선 음식 솜씨가 뛰어난 것이 마음에 들고 다른 것들도 척척 잘해 나가서 종부의 자질이 엿보인다고 하니 얼마나 다행인지 모른다. 조금만 더 가르치면 금세 '정양공 집안사람'이 되겠지만 너무 많은 것은 바라지 않는다. 차종부로서의 역할 이전에 아들과 손자에게 잘하기를 기대하고 있다. 어머니, 할머니의 마음은 다 이런 것이다.

이 땅에 존재하는 모든 종가는 불투명한 내일을 염려한다. 이 점에서는 정양공종가도 예외가 아니다. 종부는 아들 내외가 예비 종손·종부라는 부담감 때문에 힘들게 되는 것을 원치 않는다고는 하지만 흐려지는 말끝에는 종가가 반듯하게 명맥을 지켜나갔으면 하는 바람이 진하게 묻어난다.

차종손 이동원은 올해 마흔한 살이다. 그는 부모의 눈빛만 봐도 그 마음을 헤아리는 사람으로 성장했다. 몇십 년 뒤에 아버지 이철웅처럼 반듯하면서도 인정스러운 모습으로 종가의 마당을 쓸고 관락사 주변에 난 풀을 뽑는 그를 연상해 본다.

참고문헌

『승정원일기』.
『조선왕조실록』.

『경상북도 종가문화 연구』, 경상북도 · 경북대영남문화연구원, 2010.
『구성면지』, 대보사, 2007.
『연안이씨 부사공파세보』, 농경출판사, 2003.
『연안이씨 정양공종택 소장 고문서』.
『연안이씨 직강공파세보』, 대보사, 2006.
『정양공종가고문서』, 연안이씨 정양공종가.

금릉군, 『내고장 우리향토』, 신흥인쇄소, 1983.
김천문화원, 『향토사료집』, 동아인쇄소, 1996.
송기동, 『김천의 마을과 전설』, 김천문화원, 2011.
연안이씨대종회, 『연안이씨 이야기』, 가승미디어, 2003.
이성영, 『영세청풍의 사람들』, 연성회, 연도미상.
이현영, 『정양공참정사』, 정양공종중, 1984.